国家自然科学基金重点项目(41130419)资助

水文地质条件时空差异与防治水对策研究

李松营　张春光　杨　培　郭元欣　著

煤 炭 工 业 出 版 社

· 北　京 ·

内 容 提 要

本书以新安煤田为例，详细介绍了区域水文地质条件、矿井充水条件时间性和空间性差异，并根据矿井充水条件的时空差异性提出了针对地表水、底板水、小窑水、顶板水的防治水对策。

全书共分六章。第一、二章主要介绍了煤田概况、区域地质与水文地质等；第三、四章介绍了区域水文地质条件、矿井充水条件的时间性和空间性差异；第五章介绍制定防治水对策的总体原则，提出有针对性的防治水对策；第六章为主要认识与结论。

本书可供矿山企业工程技术人员，科研机构研究人员，高等院校地质、水文地质、采矿等相关专业师生参考。

序

煤炭是我国的主体能源，在能源结构中的主导地位短期内难以改变。2015 年我国煤炭产量 36.8 亿 t，占世界总产量的 47%。我国煤矿以井工开采为主，数量多，水文地质条件相对复杂，煤矿开采面临多种水害威胁，水灾事故频发，水灾所造成的经济损失在煤矿各种灾害中居于首位。

在矿井水害防治方面，我国走在世界前列，中国学者积极探索，取得了丰硕的研究成果，在指导矿井水害防治方面发挥着重要的作用。由于我国幅员辽阔，煤田类型多样，开采不同时期的煤层，矿井水文地质条件在时间和空间上有所不同。新安煤田位于河南省西部，属华北型煤田，现有 4 对大型和 1 对中型生产矿井以及少量小型整合煤矿。受小浪底水库蓄水、开采（人工疏排水）及所处位置不同等因素的影响，新安煤田区域水文地质条件与矿井充水条件存在比较明显的时间性和空间性差异。

本书系统研究了小浪底水库蓄水前后、蓄水前期与后期、开采前后以及季节性的区域与矿井水文地质条件时间性差异，研究了新安水文地质单元补径排条件、径流方向与强弱、富水程度等方面的空间性差异，研究了新安煤田东部与西部、浅部与深部以及不同含水层、不同小窑水充水条件的差异，并根据矿井充水条件的时空差异提出了有针对性的防治水对策。

书中提出了一些概念和观点，有些属于首次，如：明确提出了水文地质条件时空差异概念并开展研究；提出了"迟后开采""间歇淹没区"等概念；将新安煤田径流区细分为顺层径流区、折向汇流区、缓流滞流区等。

　　本书研究角度新颖，研究内容丰富，具有较强的实用性，也有一定的学术价值，对其他类似水害矿井具有借鉴意义。本书由义煤集团地质研究所防治水专业技术人员编写，在此，也期待其他现场防治水专业人员推出更多相关作品，以共同推动我国煤矿防治水技术的进步。

中 国 工 程 院 院 士
国家煤矿水害防治专家组组长
中 国 矿 业 大 学（北京）教授

二〇一六年九月

前　　　言

　　本书对水文地质条件的时间性和空间性差异进行了深入分析研究，有助于矿井采取针对性的防治水对策。本书以新安煤田为例，介绍了新安煤田水文地质条件的时空差异性，并针对时空差异性提出了防治水对策。

　　新安煤田位于河南省洛阳市境内，横跨新安、孟津两县，主采二叠系山西组二$_1$煤。煤田走向长度 35 km，由西北煤层露头区沿地层倾向向东南延伸超过 25 km，面积超过 700 km^2。煤炭资源超过 30 亿 t，是河南省重要的大型煤田之一，也是义马煤业集团四大煤田之一，目前主力生产矿井有新安矿、孟津矿、义安矿、新义矿、云顶矿等，生产能力合计 590 万 t/a。

　　新安煤田地质与水文地质条件复杂，矿井面临底板岩溶水、小窑水、地表水与顶板砂岩水等多种水害威胁。奥灰突水多次发生，其中大型以上突水 4 次，直接经济损失超过 2 亿元；煤田浅部分布着数以千计的小煤窑（矿），乡镇煤矿曾多次发生小窑水透水事故，造成重大人员伤亡，现绝大部分已关闭，老空水成为矿井重大水灾隐患；新安煤田部分区域位于小浪底水库之下，存在着水库下采煤问题，且在新安矿东翼水库水对小窑水有充分补给作用；另外，新安煤田还存在着顶板砂岩水害问题。

　　新安煤田由于受小浪底水库蓄水、开采（人工疏排水）及所处位置不同等因素的影响，带来区域水文地质条件的时空变化，而区域水文地质条件时空变化导致矿井充水条件在时间和空间的差异，正是矿井充水条件时空差异，决定了防治水对策应具有针对性、适宜性与差异性，并需做到井上下相结合、区域与局部措施相结合、长期目标与短期措施相结合，并在实践过程中根据条件变化进行调整完善。但之前缺少这方面的系统研究，因此开展新安煤田水文地质条件时空差异研究，对新安煤田水害防治有重要意义。本书研究了新安煤田区域水文地质条件与矿井充水条件的时间性和空间性差异，并针对存在的差异性提出矿井防治水对策，以期指导新安煤田今后矿井防治水工作。

全书共分六章。第一章为绪论，主要介绍研究背景、国内外研究现状、研究思路和取得的主要认识等；第二章主要介绍新安煤田概况、区域地质与水文地质等；第三章研究了区域水文地质条件的时间性和空间性差异；第四章是在区域水文地质条件差异性基础上，研究了矿井充水条件的时间性和空间性差异；第五章介绍制定防治水对策的总体原则，提出有针对性的防治水对策及综合防治水对策；第六章为主要认识与结论。

本书得到国家自然科学基金重点项目（41130419）的资金支持。我国矿井防治水领域专家、中国工程院院士武强教授对本书编著给予了指导并为本书作序。在编写过程中，义煤集团总工程师杨随木、地测副总工程师曹焕举给予了悉心指导，义煤集团地质研究所张万鹏、杨参参、郭国鹏、姚小帅、廉洁、王康参与了部分工作，义煤集团的专业技术人员路学燊、王念红、陈龙、庞学文、牛国良、姜玉海、闫明、蔡连君、刘战军、郭振桥、邓书君、霍槟槟、赵相朋、马合飞、胡继青等给予了支持与帮助。煤炭工业出版社的编辑对文稿进行了细致的编辑加工，为本书的出版付出了辛勤劳动。在此，对大家的关心和支持一并表示感谢！

由于著者水平和认识有限，书中不当之处，恳请读者批评指正。

著　者

2016 年 6 月

目　　录

第一章　绪　　论

对水文地质条件时间和空间差异性进行研究，特别对矿井充水条件的时空差异做深入分析，对制定防治水对策具有重要的指导作用。受多种因素的影响，新安煤田水文地质条件在时间与空间上存在较大的差异性，对此做深入研究，对矿井防治水工作有重要意义。

新安煤田地跨洛阳市新安、孟津两县，面积达 700 km^2 以上，主采煤层为二叠系山西组二$_1$煤，煤炭资源约 30 亿 t，是义马煤业集团的四大煤田之一。新安煤田 +125 m 以浅区域大多已被个体、乡镇煤矿（包括古代小煤窑）开采，现已形成约 30 km^2 的废弃小窑积水区域。义煤集团在新安煤田 -600 m 以浅区域建设有 4 对大型和 1 对中型生产矿井，合计生产能力 590 万 t/a。-600 m 以深的五头勘探区以及东部的狂口预测区、煤窑沟预测区等，尚有 20 亿 t 的煤炭资源有待开发。新安煤田矿井充水条件复杂，面临底板岩溶水、小窑水、地表水、顶板砂岩水等多种水害。曾发生大型、特大型奥灰突水 4 次，直接经济损失超过 2 亿元；发生小窑水透水事故多次，曾造成乡镇煤矿重大人员伤亡，是义煤集团生产矿井的重大水灾隐患；顶板砂岩水是影响矿井正常生产的因素，采煤工作面也常出现顶板滴、淋、涌水，其中水量大于 100 m^3/h 的就达 6 次；小浪底水库淹没部分新安煤田，新安、义安、孟津等 3 对矿井还存在水下采煤问题。新安煤田矿井防治水形势严峻，任务繁重。

与其他国家相比，我国煤矿的水文地质条件相对复杂，水害严重。关于矿井防治水，我国走在世界前列，前人开展了大量的科研工作，取得了丰硕的研究成果，在指导矿井水害防治方面发挥着重要的作用。针对顶底板含水层水害的预测与防治，有稳定流理论、非稳定流理论、比拟法、突变理论、"关键层"理论、泛决策理论、突水系数法、"下三带"理论、"上三带"理论、"递进导升"理论、三图双预测法和脆弱性指数法等；针对小窑水，有关于探放水和留设防水煤（岩）柱的严格规定；针对地表水，国内外也开展了大量的实践与研究，形成了诸多不同条件下导水裂缝带发育最高高度的经验公式。关于新安煤田矿井防治水，义煤集团以及外部科研人员做了大量工作，也有许多重要认识与宝贵经验。新安煤田区域水文地质条件与矿井充水条件存在比较明显的时空差异，但之前没有这方面的系统研究。

　　本次研究通过野外踏勘、相关单位走访与咨询等，系统收集了区域与矿井有关地质、水文地质资料，针对新安水文地质单元的水文地质条件和新安煤田矿井充水条件在时间上、空间上的差异性开展分析研究，并根据水文地质的时空差异，提出了针对性的防治水对策和建议。

　　本专著分析了新安水文地质单元的补径排条件、新安煤田的矿井充水条件、矿井防治水工作及其之间的相互关系，研究了小浪底水库蓄水前后及其前期与后期、开采前后以及季节性的区域与矿井水文地质时间性差异，研究了新安水文地质单元补径排条件以及径流方向与强弱、富水程度等方面的空间性差异和新安煤田东部与西部、浅部与深部以及不同含水层、不同小窑水充水条件的空间性差异，并根据矿井充水条件的时空差异提出了针对性防治水对策。新安水文地质单元的补径排条件及其时空差异决定了新安煤田矿井充水条件及其时空差异，矿井充水条件及其时空差异决定着矿井水害防治对策及其变化。

　　新安煤田整体属于单斜构造，地层由西北向东南倾斜，处于新安水文地质单元之内。新安水文地质单元面积约 800 km^2，主要含水层为奥陶系与寒武系灰岩溶裂隙承压含水层。该含水层在西北露头区接受大气降水补给，地下水沿地层倾向向东南方向径流至滞流区后转向东北，最终排泄至黄河。小浪底水库于 2001 年完工运行，设计最高蓄水位 +275 m，面积 296 km^2，总库容 126.5 亿 m^3，有效库容 51 亿 m^3。新安水文地质单元原有的地下水排泄出口以及约 1 km^2 的灰岩露头被淹没；淹没新安煤田 49.5 km^2，新安、义安、孟津等 3 对生产矿井受淹井田面积分别为 12.5 km^2、0.1 km^2、3.5 km^2。

　　新安水文地质单元地下水原始排泄端出口标高约 +200 m，而小浪底水库水位处于 +230 ~ +275 m 之间。小浪底水库蓄水时，岩溶地下水的排泄出口随水位上移，原来的排泄通道成为反向补给通道，地下水径流下游水位上升并反向径流；泄水时，地下水排泄出口功能恢复，随水位下移，其径流下游水位下降并恢复原来径流方向。随着库底淤积层的形成，地下水排泄出口将最终提高至 +230 m 以上。小浪底水库水位的周期性变化，周期性地影响着新安水文地质单元地下水的补径排条件。伴随矿井生产过程中的长期疏排水，大占砂岩、香炭砂岩等煤层顶板砂岩含水层处于疏干过程之中，人工疏水已成为其主要排泄方式；岩溶含水层在开采区域已形成若干程度不同的降落漏斗，局部降深曾达近 200 m，人工疏水也成为其主要排泄方式之一。不同的含水层补径排条件、富水性差异很大，同一含水层也存在较大的空间性差异。新安水文地质单元岩溶含水层系统划分为补给区、顺层径流区、折向汇流区、缓流滞流区与排泄区等，表现出功能性与空间性差异。因此，新安水文地质单元的水文地质条件存在明显的时空差异，且时间性差异与空间性差异相互影响。

新安水文地质单元水文地质条件的时空变化决定着新安煤田矿井充水条件的时空差异。小浪底水库蓄水，首先淹没了煤田东部库区内的小煤矿（窑），也使得东部小窑水不再具有可疏性，并成为新安煤矿的重大水灾隐患；由于村庄、工业广场煤柱的隔离，煤田西部小窑水与东部没有水力关系，不受水库蓄水影响，仍具有可疏性。二$_1$煤小窑水的威胁在煤田浅部，主要在新安煤矿与小窑采空区相邻的区段；七$_2$煤小窑水基本不构成水害。奥灰突水威胁深部重于浅部，水压高的区域重于水压低的区域；强径流带与富水条带是奥灰突水的高风险区域；随着奥灰水降落漏斗的形成与扩大，漏斗范围内奥灰突水风险趋于减弱。二$_1$煤层顶板砂岩水、底板太灰水是矿井的直接充水含水层，处于疏干过程之中，是日常矿井涌水量的主要来源。

新安煤田矿井充水条件的时空差异性决定了其防治水对策需要具有针对性、适宜性与差异性。奥灰水是矿井防治水工作的重点与难点，对突水风险区，应通过注浆重点对薄弱底板隔水层进行加固；对突水区，应通过注浆在加固底板隔水层的同时，重点改造奥灰含水层上段使其成为隔水层，从而增加有效隔水层的厚度；强径流带与富水条带是防治奥灰水的重点区域。在奥灰水的滞流区、缓流区以及通过注浆截流形成滞流条件的区段，应大胆尝试疏水降压措施。小窑水是矿井防治水工作的关键，应以留设充足的防水煤（岩）柱为主要安全措施。地表水是矿井防治水工作关注的焦点，应首先在间歇淹没区的薄煤区开展水下试采，取得成熟经验后再大面积推广。水下采煤应预防奥灰突水并重点防范封闭不良钻孔、较大的断层等不利因素。顶板砂岩水与底板太灰水可采取直接疏干措施，做好日常防排水工作即可。做好矿井防治水工作应综合应用防治水措施，做到井上下相结合、区域与局部措施相结合、长期目标与短期措施相结合，并在实践过程中根据条件变化进行调整完善。

第二章　新安煤田地质与水文地质

第一节　新安煤田概况

一、位置、自然地理

1. 位置和交通

新安煤田横跨洛阳市新安、孟津两县，主采二叠系山西组二$_1$煤，二$_2$煤局部可采。煤田在西北浅部以二$_1$煤层露头为界，北止于黄河断层（F_2），西南以龙潭沟断层（F_{58}）为界（图2-1）。煤田走向长度35 km，由西北煤层露头区沿地层倾向向东南延伸超过25 km。包括新安、孟津、义安、新义、云顶等生产矿井及浅部小煤矿、五头勘探区及其深部区域、狂口预测区、煤窑沟预测区等，面积超过700 km²，煤炭资源超过30亿 t，是河南省重要的大型煤田之一，也是义煤在河南省内的四大煤田之一。

区内以东西向的陇海铁路、郑西高铁、连霍高速、310国道和南北向的省道 S243、S248 等为纲，与密布的县、乡两级公路构成了便利的交通网。

2. 地形地貌

新安煤田属低山丘陵区，地势西高东低，山脉走向大致由南西向北东延伸，最高海拔在云梦山为 +635 m，最低海拔+158 m，相对高差477 m。煤田西北部为低山区，有震旦、寒武、奥陶系等地层出露，组成了本区的一级分水岭；东部由坚硬

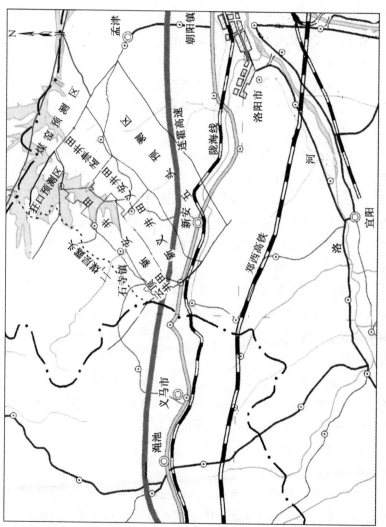

图 2 - 1　新安煤田位置及矿井分布示意图

的二叠系平顶山砂岩及砂质泥岩组成不对称的单面山地形，形成二级分水岭；北部多由二叠系砂岩、泥岩及砂质泥岩构成丘陵地形，由于地层倾角平缓，岩石抗风化能力较差，故多形成坡缓顶圆的山丘。区内冲沟发育，水土流失较为严重。

3. 气候

新安煤田所处区域属暖温带大陆性气候，四季分明，具有冬季寒冷雨雪少，春季干旱大风多，夏季炎热且多雨，秋天晴朗日照长的特点。

降水量一般为 600~700 mm/a，夏季降水量占全年降水量的 60% 左右。最高年降水量为 1282.3 mm（2003 年），最低年降水量为 373.4 mm（1965 年），平均年降水量为 670.1 mm。最大月平均降水量为 287.6 mm（2010 年 7 月），最大日降水量为 114.8 mm（1972 年 9 月 1 日），最大一次连续降雨量 179.2 mm（1980 年 6 月 29 日至 7 月 3 日）。

最高气温 44 ℃（1996 年 6 月 20 日），最低气温 -17 ℃（1969 年 1 月 31 日）；最大蒸发量为 2571.1 mm/a（1965 年），最小蒸发量为 1866.2 mm/a（1973 年），平均 2093 mm/a，最大月蒸发量为 350.3 mm。

有霜期一般自 9 月至翌年 5 月，约 110 天至 165 天，平均为 142.6 天；最多霜月为 12 月份，有霜天为 8.5 天，年均有霜天数 33.8 天。春冬两季以西风、西北风为主，夏秋两季以东南风为主，最大风速 19 m/s。

4. 水文

本区属黄河流域洛河水系，区内流经河流有畛河、石寺河、北冶河、涧河等。涧河发源于陕县观音堂镇段岩村马头山东麓，流经煤田西南部，在洛阳市兴隆寨注入洛河。据涧河新安站多年观测的资料，该河流最大洪流量 1446.5 m³/s（1958 年），最小流量 0.1 m^3/s（1981 年）。

畛河为本区主要河流，发源于新安县曹村乡的青野地，流经上孤灯、石寺镇、横山头、仓头乡至狂口注入黄河，全长56 km，中下游河床宽 20～30 m。畛河汇水面积 248 km^2，据黄委会仓头水文观测站资料（1956—1988 年），该河最大流量为4280 m^3/s（1958 年 7 月），最小流量 0.1 m^3/s（1967 年 6 月），在特旱年份持续干旱季节曾出现河水断流，多年平均流量2.52 m^3/s；年平均最大流量 6.12 m^3/s（1981 年），年平均最小流量 0.52 m^3/s（1972 年）；最大年径流量 1.93 亿 m^3（1981年），最小年径流量 0.1635 亿 m^3（1972 年）；平均年径流量0.7937 亿 m^3。

石寺河流经新安井田，在石寺村附近汇入畛河。

北冶河从新安煤田东部流入小浪底水库，流向与地层走向斜交，河床平坦，一般旱季干涸，雨季山洪暴发，洪流量可达368.6 m^3/s（1958 年 7 月 1 日）。

小浪底水利枢纽工程是中国治理黄河史上的丰碑，是世界水利工程史上最具有挑战性的杰作，也是我国跨世纪第二大水利工程，具有防洪、防凌、减淤为主，兼顾灌溉、供水和发电等多项功能。小浪底水库设计最高蓄水标高 +275 m，库区面积272 km^2，总库容 126.5 亿 m^3，有效库容 51 亿 m^3，死库容 76 亿 m^3，调水调沙库容 10.5 亿 m^3。小浪底水利枢纽 1994 年 9 月主体工程开工，1997 年 10 月截流，2001 年底主体工程全面竣工。水库水位达到最高蓄水位 +275 m 标高后，将淹没新安煤田约 49.5 km^2，其中，淹没新安井田 12.5 km^2、义安井田 0.1 km^2、孟津井田3.5 km^2。水库蓄水水位与蓄水量受人为蓄水、泄水控制而呈现季节性变化。水库自运行以来，水位经常保持在 +230～+270 m之间，对应的淹没面积范围 19.3～46.1 km^2。

另外，义安井田北部有范沟水库，早已干枯，库底已被开垦为耕地，仅在汛期有少量积水。

5. 地震

据洛阳市地震局资料，新安煤田区属 5 级地震区，震中烈度 6～7 度。

二、开发情况

新安煤田开发历悠久，在古代，小煤窑主要在浅部煤层露头区附近开采。20 世纪 70 年代以来进入大规模的开发时期。煤层露头及其浅部区域广泛存在二$_1$煤采空区及少量的七$_2$煤采空区，二$_1$煤采空区面积约 30 km^2，七$_2$煤采空区面积约 10.4 km^2。现生产矿井井田面积合计约 200 km^2，剩余煤炭资源 8 亿多吨。

义马煤业集团在新安煤田现有新安矿、义安矿、新义矿、孟津矿和云顶矿 5 对生产矿井，井田面积合计近 190 km^2，生产能力合计 590 万 t/a（表 2 - 1）。主要开采二$_1$煤层底板 - 600 m 等高线以浅的煤炭资源，其中，新安矿和云顶矿位于新安煤田浅部，开采二$_1$煤层底板等高线 + 190 ～ - 200 m 之间的煤炭资源，其他 3 对矿井主要开采二$_1$煤层底板等高线 - 600 ～ - 200 m 之间的资源。

表 2 - 1　新安煤田各矿基本情况一览表

矿名	井田面积/ km^2	储量/（亿 t）		投产 时间	生产能力/ （万 t/a）	开拓方式
		工业储量	可采储量			
新安矿	50.25	2.48	1.29	1988 - 12	150	斜井双翼双水平 上下山开拓
新义矿	42.74	2.32	1.1	2011 - 04	120	立井双翼两水平 上下山开拓

表2-1（续）

矿名	井田面积/km²	储量/（亿t）		投产时间	生产能力/（万t/a）	开拓方式
		工业储量	可采储量			
义安矿	28.74	1.6	0.86	2009-06	120	立井双翼两水平上下山开拓
孟津矿	57.52	1.18	0.72	2016-03	120	立井双翼两水平上下山开拓
云顶矿	4.94	0.31	0.16	2010-01	80	立斜井双翼单水平上下山开拓

三、生产矿井概况

1. 新安矿

新安矿于1978年开始筹建，1988年12月建成投产，设计生产能力150万t/a，2006年核定生产能力为150万t/a。二₁煤层厚度0～18.88 m，平均4.22 m。煤种为贫瘦煤。煤层瓦斯含量0.03～13.33 m³/t，平均6.135 m³/t，属煤与瓦斯突出矿井。煤尘有爆炸危险性。矿井多年平均涌水量为700 m³/h，最大涌水量为1350 m³/h。矿井水文地质类型为极复杂，受底板奥灰水、小窑水和地表水等多种水害威胁。

主、副斜井位于井田中部，主井口标高+305 m，副井口标高+307 m。矿井为三斜井开拓方式，主、副斜井位于井田中部，主斜井承担全矿井煤炭提升任务。副1斜井用于进风、下料和提矸，副2斜井用于升降人员和进风。井田开拓方式为斜井双翼双水平上下山开拓，Ⅰ水平为+150～-50 m，Ⅱ水平为-50～-150 m。走向长壁采煤法，综采或炮采工艺，陷落法管理顶板，中央分列与分区混合抽出式通风（现有 5 个进风井、5 个回风井）。目前开采第一水平运输大巷标高为 +25 m，划分为 11 采区、12 采区、13 采区、14 采区、15 采区五个生产采区及 16 开拓采区，其中 11、12、14 采区已基本回采结束。

新安煤矿主排水系统为中央水泵房和井底清水泵房。主排水泵房现安装使用 MD600 - 55 ×7 主排水泵 6 台。铺设排水管 3 趟，管径为 φ377；主水仓分为内、外两个水仓，总有效容量为 8000 m³。工作方式为两台工作、3 台备用、1 台检修。2012 年施工了井底副水仓，有效容量 2123 m³，（清水）泵房安装有 4 台 MD600 - 55 ×7 型离心泵，两趟 φ325 排水管通过主斜井至地面。

2. 新义矿

新义矿由煤炭工业郑州设计研究院有限公司设计，于 2005 年 1 月 20 日开工建设，2011 年 4 月投产，设计生产能力为 120 万 t/a。二₁ 煤煤层厚度 0 ~ 15.47 m，平均 4.81 m。煤种为贫瘦煤。煤层瓦斯含量 8.38 ~ 12.84 m³/t，平均 9.8 m³/t，属煤与瓦斯突出矿井。二₁ 煤有煤尘爆炸性。矿井多年平均涌水量为 420 m³/h，最大涌水量为 535 m³/h。矿井水文地质类型为中等，矿井主要水害有底板奥灰水害和顶板水害。

矿井采用立井双水平上下山开拓，一水平标高 -200 ~ -400 m，二水平 -400 ~ 600 m 之间。倾向长壁采煤法，综采工艺，全陷法管理顶板。主井口标高 +373 m，井深 677 m，副井口标高 +373 m，井深 703 m。通风系统采用中央并列式，副井进风，中央风井回风。现有生产采区为 11 采区、12 采区，自投产以来已回采 6 个工作面，现正回采 11020 和 12020 两个工作面。

矿井主排水采用二级排水系统，在井底建立中央泵房，将矿井水直接排到地面。设备选用 PJ-200 型多级离心泵 8 台，总额定排水量 3360 m³/h，配套电机型号 YB710S2-4，额定功率 1400 kW。主排水管选用 ϕ426 3 趟，ϕ325 无缝钢管 1 趟，沿副井井筒铺设。矿井主要水仓有两个，外仓容量 2890 m³，内仓容量 1770 m³，水仓总容量达 4660 m³。

3. 义安矿

义安矿由煤炭工业部郑州设计研究院设计，于 2003 年 10 月开工建设，2009 年 6 月建成投产，矿井设计生产能力 120 万 t/a。二₁ 煤层厚度 0~14.30 m，平均 4.15 m。煤种为贫瘦煤。瓦斯含量在 6.75~14.52 m³/t，属煤与瓦斯突出矿井。二₁ 煤有煤尘爆炸性，属不易自燃煤层。矿井多年平均涌水量为 154 m³/h，最大涌水量为 236 m³/h。矿井水文地质类型为中等，矿井主要水害有底板奥灰水害和顶板水害。

矿井采用立井双水平上下山开拓，一水平标高 -200~ -400 m，二水平 -400~600 m 之间。倾向和走向长壁采煤法，综采工艺，全陷法管理顶板。主井口标高 +389 m，井深 707 m，副井口标高 +390 m，井深 733 m。中央并列式通风，副井进风、中央风井回风。目前开采一水平 11、12 和 14 采区，自投产以来已回采 7 个工作面，现正回采 11060 和 12040 两个工作面。

中央泵房共安装 4 台 PJ200B×9 型、4 台 MD420-95×8 水泵，正常情况下，2 台工作，5 台备用，1 台检修。单台额定排量为 420 m³/h，扬程 790.5 m，配用 YB710S2-4 型电机，功率 1400 kW。水仓容积为 3418 m³。铺设 3 趟 ϕ426、1 趟 ϕ325 主排水管。

4. 孟津矿

孟津矿于 2005 年 3 月开始建井，2007 年底完成地面基建工作，2016 年 3 月投产。设计生产能力 120 万 t/a。可采煤层为二叠系山西组二$_1$煤，煤层厚度 0 ~ 12 m，平均厚度 2.5 m。煤种为贫瘦煤。二$_1$煤瓦斯含量在 10.95 ~ 18.02 m^3/t 之间，平均为 13.18 m^3/t，属煤与瓦斯突出矿井。二$_1$煤有煤尘爆炸性。预测矿井正常涌水量为 716 m^3/h，最大涌水量为 1138 m^3/h，目前，矿井的实际涌水量为 330 m^3/h。矿井水文地质类型为复杂，矿井主要受底板奥灰水威胁。

矿井采用立井两水平上下山开拓方式。开采标高为 −200 ~ −600 m，一水平标高 −322 m，二水平标高 −500 m。倾向长壁采煤法，综采工艺，全陷法管理顶板。主井口标高 +438 m，井深 773.9 m，副井口标高 +437 m，井筒深 785.1 m。目前生产采区为 11 采区、12 采区，其中 11011 和 12011 工作面已经贯通。

矿井主排水系统包括 −322 m 水平排水系统和 −347 m 水平排水系统。−322 m 水平排水系统，水仓容量 5600 m^3，泵房内安装 8 台 MD450 −80 × 10 型高扬程离心水泵，铺设 φ426/325 排水管路各 1 趟。−347 m 水平排水系统，水仓容量 7100 m^3，排水设备选择 MD450 −90 × 10 型多级离心泵 8 台，对应主井铺设 4 趟 φ426 排水管路；−347 m 水平转排水系统采用大流量低扬 BQS1500 −50 −315/N 型潜水泵 2 台，排水管路选择 φ426 无缝钢管两趟，排水管路沿专用巷道敷设，将矿井涌水从 −347 m 水平排至 −322 m 水平现有主排水泵房水仓。−347 m 水平潜水电泵直排水系统选择 BQ1100 −850/10 −4000/W −S 型潜水泵 2 台，副井井筒内已有管路中的 2 趟 φ426 排水管作为矿井潜水电泵系统的专用管路。应急潜水电泵直排水系统排水能力为 2200 m^3/h。

5. 云顶矿

云顶矿原为渠里煤矿新井，于 2005 年 10 月开工建设，2009

年12月通过河南省发改委能源局组织的竣工验收，2010年1月批复移交生产，核定生产能力80万t/a。二₁煤层厚0.26～15.08 m，平均4.32 m。煤种为贫瘦煤。矿井历年瓦斯相对涌出量为2.907～6.249 $m^3/(t·d)$，绝对涌出量为1.393～6.742 m^3/min，矿井瓦斯含量3.27～5.9 m^3/t，矿井瓦斯类型属中等型。二₁煤有煤尘爆炸性。预测矿井正常涌水量为140 m^3/h，最大涌水量为250 m^3/h，目前，矿井的实际涌水量为50 m^3/h。矿井水文地质类型为中等。

矿井采用立、斜井综合开拓方式，单水平上下山开采，开采标高+190～-200 m，大巷标高-6 m。走向长壁采煤法，综采工艺，全陷法管理顶板。主井井口标高+548 m，井深554 m，副井井口标高+543 m，副井深549 m。通风方式为中央边界式。现生产采区为11采区，开拓采区为12采区，自投产以来已回采6个工作面，现正回采11170和11080两个工作面。

矿井中央水仓有主、副水仓各1条，水仓净断面7.9 m^2，总长度335.7 m，容量2686 m^3，配备3台水泵，型号MD280-65×10，扬程650 m，电机900 kW；单泵排水能力为340 m^3/h；2趟φ273排水管路。

第二节　新安煤田地层与构造

一、地层

据《河南省区域地层志》，新安煤田地层区划属华北地层区豫西地层分区，渑池-确山地层小区。区内缺失奥陶系上统、志留系、泥盆系、石炭系下统及侏罗系、白垩系地层，区域地层发育情况列于表2-2。

表2-2　区域地层发育情况简表

界	系	统	组	段	符号	厚度/m	岩性简述
新生界	第四系				Q	0~50	河床砾石及表土层组成
	新近系				N	0~50	灰白色、紫红色砾岩、砂岩、砂质黏土和泥灰岩组成
中生界	三叠系	下统	刘家沟组		T_{1l}	>150	紫红色细粒石英砂岩，局部为中粒砂岩，具大型板状交错层理，硅质胶结，俗称金斗山砂岩（Sj）
上古生界	二叠系	上统	石千峰组	土门段	P_{2sh}^2	170~280	紫红色砂质泥岩，夹黄绿色砂岩、紫红色石英砂岩及数层砾屑灰岩
				平顶山段	P_{2sh}^1	43~100	浅灰、灰白色中~粗粒长石石英砂岩，夹2~3层紫红色、浅绿色砂质泥岩，具大型交错层理，硅质胶结，底部含砾石或为细砾岩
			上石盒子组		P_{2s}	160~220	灰色、紫色、紫灰色砂质泥岩夹深灰色砂质泥岩、泥岩及灰色、浅灰色中~细粒砂岩，夹一层硅质泥岩，含海绵骨针碎屑可达30%。底部具中、粗粒砂岩及细砾岩，具交错层理，硅质胶结，俗称田家沟砂岩（St）
		下统	下石盒子组		P_{1x}	200~283	灰、浅灰色中粒砂岩，深灰色、紫红色砂质泥岩或紫斑泥岩及薄煤层，底部具灰白色中、粗粒砂岩，含细砾（Ss）
			山西组		P_{1s}	76~136	灰、深灰色中厚层状细粒石英砂岩、粉砂岩、泥岩、砂质泥岩及煤层。上部泥岩具紫斑及暗斑，含菱铁质假鲕。中部富含白云母片及炭质，含菱铁质结核及泥质包体。含主要可采煤层二₁煤
	石炭系	上统	太原组		C_{3t}	35~60	灰、灰白色中粗粒石英砂岩、砂质泥岩、灰岩，含薄煤层9层。灰岩局部含燧石结核及大量动物化石，一般有5~7层

表 2-2（续）

界	系	统	组	段	符号	厚度/m	岩 性 简 述
上古生界	石炭系	中统	本溪组		C_{2b}	6~16	上部为具鲕状或豆状结构的灰色铝质岩，夹薄层砂质泥岩。下部为浅灰色铝质泥岩，含星散状黄铁矿晶体；底部偶见黄铁矿层
	奥陶系	中统	马家沟组		O_{2m}	0~300	灰、深灰色厚层状灰岩、白云岩，夹厚层泥晶灰岩。上部含铁质较高，常呈淡红色
		下统	冶里组		O_{1y}	0~230	下部为浅灰色白云质灰岩，厚210 m；上部为浅灰色石灰岩夹燧石条带及泥灰岩和紫色、黄色泥岩，厚20 m
下古生界	寒武系	上统	凤山组		$\in_{3f}$	44~77	灰色、灰白色中厚层细晶白云岩，含燧石团块白云岩夹黄色薄层泥质白云岩，白云质泥灰岩，局部夹砾屑灰岩及泥质条带灰岩
			长山组		$\in_{3c}$	19~46	灰黄色薄－中厚层含泥质白云岩、灰白色厚层细晶白云岩
			崮山组		$\in_{3g}$	42~79	灰、深灰色微带浅红色厚层状白云质灰岩、白云岩及鲕状白云质灰岩，夹泥灰岩及薄层铝质泥岩
		中统	张夏组		$\in_{2zh}$	179~268	深灰色厚层鲕状灰岩、白云质灰岩间夹致密块状灰岩及泥质条带灰岩
			徐庄组		$\in_{2x}$	150~244	紫红色砂质泥岩、粉砂岩及致密灰岩，含泥质灰岩夹海绿石砂岩，灰色灰岩、灰黄色泥灰岩夹紫红色泥岩
			毛庄组		$\in_{2m}$	51~68	下部以砂质泥岩为主，夹粉砂岩及灰岩；上部以条带状泥质灰岩为主，夹紫红色泥岩
		下统	馒头组		$\in_{1m}$	30~55	浅黄、紫红色页岩、泥灰岩夹紫红色、黄绿色泥岩、砂岩及薄层灰岩，砂岩层面含大量白云母片
			辛集组		$\in_{1x}$	29~80	黄褐或紫红色砂岩及砂砾岩，灰色厚层状灰岩、白云质灰岩、豹皮灰岩，局部含燧石团块

二、构造

新安煤田位于中朝准地台南缘，华熊台缘坳陷的渑池—确山陷褶断束北西部。区域内发育较大的褶皱构造为新安向斜。断裂构造发育，主要为 NW 向、近 EW 向和 NE 向张性断裂，如龙潭沟断层（F_{58}）、许村–香坊沟断层（F_2）、省磺矿断层等（图 2–2）。

1. 褶皱

区内仅发育有新安向斜，该向斜位于新安煤田南部的乔沟、新安县城、洛阳市一带，轴向近东西，为一宽缓向斜。向斜轴部出露三叠系刘家沟组、二叠系石千峰组地层。北翼倾角平缓，一般 7°~11°，地层出露完整。南翼由于龙潭沟断层的切割破坏，断裂构造发育。

2. 断层

区域内断层发育，按走向大致分为三组：一组为 NW 断层，分布在煤田西南和东北部，包括省磺矿断层、土爷庙断层、龙潭沟断层、铁门断层等；另一组近 EW 走向，位于该区东北部，包括石井河断层、许村–香坊沟断层、马屯断层等，该组断层被 NW 向断层切割；第三组走向 NE，位于该区东南部，包括常袋断层、孟津断层等。主要断层分述于下：

1) 石井河断层（F_1）

该断层为正断层，走向近 EW，倾向 N，倾角 70°~80°，落差 350~400 m。位于煤田区东北外围，沿黄河向东延伸，在黄河南岸周家岭一带见上石盒子组地层于三叠系地层接触。石井河以西地段，南侧的寒武系和北侧奥陶系沿走向相顶，石井河一带南侧奥陶系和北侧二叠系产状反接。

2) 许村–香坊沟断层（F_2）

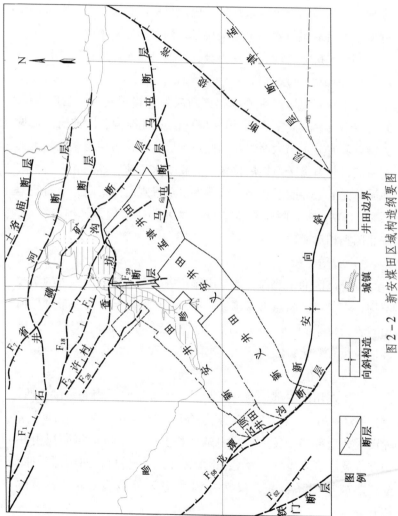

图2-2 新安煤田区域构造纲要图

正断层，走向近 EW，倾向 N，倾角 70°，落差 100～200 m。位于新安煤田的北部外围，经过陈湾、杨树凹、祖师庙、香坊沟等地。浅部裴沟见奥陶系灰岩与山西组地层直接接触，在陈湾附近见七煤组地层与四煤组地层接触，杨树凹见平顶山砂岩与土门段上部地层接触，地表迹象明显，且被 F_7～F_{12} 等断层切割。

3）龙潭沟断层（F_{58}）

位于新安煤田西南外围，该断层为平移正断层，走向 NW，倾向 NE，倾角 70°，落差 50～200 m。在龙潭沟、山神庙一带见奥陶系灰岩分别与太原组、山西组地层接触，山神庙至龙涧见奥陶系灰岩与石盒子组地层接触，为新安水文地质单元和义马水文地质单元的边界断层；断层两侧的构造景观截然不同，南西侧地层倾向 SW，东北侧地层倾向 SE。南西侧褶皱较多，构造复杂，东北侧则相对简单。

4）省碛矿断层（F_7）

位于该区的东北部，地表出露于省碛矿、打磨沟、干沟至梭罗沟一带，浅部断点出露迹象明显，在打磨沟至干沟一带见平顶山砂岩错位平距 130 m 左右。为正断层，断层走向 N65°W，局部地段稍有变化，倾向 SW，倾角 60°～70°，落差 80～150 m。

5）F_{29} 断层

位于煤田的中部，为一正断层，断层走向近南北，倾向西，倾角 65°～70°，西盘下降，东盘抬升，落差 10～30 m。向北落差渐大，南部趋于尖灭。区内延展长度约 4.5 km。该断层由井田北部赵庄进入本区，经老代窝、孔沟、中岳村，向深部延伸。断层多被第四系覆盖，仅在井田北部区外地表见七$_2$煤层被错开。

第三节　区域与矿井水文地质条件

一、区域水文地质

（一）含水层

根据地层岩性组合特征，区域内发育主要有 6 个含水层，包括：奥陶系灰岩裂隙岩溶含水层、太原组灰岩裂隙岩溶含水层、山西组砂岩裂隙含水层、石盒子组砂岩裂隙含水层、平顶山砂岩裂隙含水层和第四系松散岩类孔隙含水层。

1. 奥（寒）灰岩溶裂隙承压含水层

奥陶系岩溶裂隙含水层与寒武系岩溶裂隙含水层水力联系密切，构成统一系统。主要岩性为灰岩、角砾状灰岩、硅质白云岩及白云岩，地层总厚度大于 500 m，地表出露广泛，补给丰富。浅部溶蚀裂隙及溶洞发育，主要分布在深切沟谷两侧陡峭的岩壁上，常沿层面和断层发育，发育程度由浅往深逐渐减弱，富水性极不均一。该含水层早年在新安井田有泉水露头 2 处：黑龙沟泉，1965 年观测流量 3.998 ~ 14.938 L/s，1982 年干枯；龙涧泉，1965 年观测流量 193 ~ 378 L/s，后来为新安县水泥厂供水后干枯。本含水层单位涌水量 $q = 0.00061 ~ 4.03$ L/（s·m），渗透系数 $K = 0.00045 ~ 9.02$ m/d。水化学型为 HCO_3—Ca·Mg 型，矿化度 0.217 ~ 0.433 g/L，pH 值 7.10 ~ 7.90。自然动态变化主要受气象因素控制，汛期（7 ~ 9 月）接受大气降水补给，水位明显上升，枯水期（1 ~ 6 月）水位缓慢下降。

2. 太原组灰岩岩溶裂隙承压含水层

太原组灰岩一般有 3 ~ 4 层，单层厚度 0.2 ~ 7.50 m，总厚 7.04 ~ 16.35 m，平均 10 m 左右，岩溶裂隙发育。单位涌水量

0.00044 ~ 0.0843 L/(s·m)，渗透系数 0.00412 ~ 4.76 m/d。据抽水实验资料，该含水层以静储量为主，补给不足，富水性较弱且分布不均。水化学类型为 HCO_3—$Ca·Mg$ 型水，矿化度为 0.279 ~ 0.710 g/L，pH 值为 7.0 ~ 8.5。

3. 山西组砂岩孔隙裂隙承压含水层

山西组地层中灰白色中粒砂岩为主要含水层，以大占砂岩和香炭砂岩为主，厚度 6.06 ~ 54.96 m，均厚 30 m。单位涌水量 0.00025 ~ 0.181 L/(s·m)，渗透系数 0.00135 ~ 0.217 m/d。水化学类型为 HCO_3—Na 型或 $HCO_3·SO_4$—Na 型，pH 值为 7.5 ~ 8.7。富水性中等偏弱且不均匀，受裂隙发育程度控制。

4. 上、下石盒子组砂岩孔隙裂隙承压含水层（组）

含水层（组）以灰白色中、粗粒砂岩为主，累积厚度 23.81 ~ 43.46 m，一般有 13 ~ 19 层，单层厚 0.2 ~ 7.0 m，其间夹泥岩和砂质泥岩。裂隙不发育，地下水补给来源有限，富水性弱，水交替不强。单位涌水量 0.0106 ~ 0.0286 L/(s·m)，渗透系数 0.0178 ~ 0.0594 m/d。水化学类型以 HCO_3—Na 型为主，pH 值为 7.7 ~ 8.8。山西组顶界面以上的紫色泥岩和砂质泥岩（大紫泥岩），厚 30 m 左右，为良好隔水层，阻隔本含水层（组）与山西组砂岩含水层之间的水力联系。

5. 平顶山组砂岩裂隙承压含水层（组）

平顶山组地层岩性主要为灰白色中、粗粒砂岩，总厚度 22 ~ 105 m，单位涌水量 q = 2.557 L/(s·m)，渗透系数 K = 3.482 m/d，富水性中等，有一定的供水意义。多个矿井在此含水层取水，其中新义矿曾凿打 3 眼水井，取水量约 1500 m³/d。

6. 第四系松散岩类孔隙含水层

含水层主要为第四系砂、卵砾石层为主，一般厚 3.0 ~ 8.0 m。单位涌水量 0.05 ~ 2.08 L/(s·m)，渗透系数 2.287 ~

29.80 m/d，水化学类型为 HCO_3SO_4—Ca 型水，属孔隙潜水弱至强富水含水层。

（二）隔水层

区内发育的隔水层主要有本溪组铝土质泥岩和铝土岩、山西组二₁煤底板至 L_7 灰岩顶之间的砂（硅）质泥岩以及山西组顶界之上的紫色泥岩和砂质泥岩。

1. 石炭系本溪组铝土质泥岩

在新安煤田内普遍发育，层位稳定，岩性致密，裂隙不发育，隔水性能良好，厚 3~25 m，一般 9 m 左右。在正常情况下，可阻隔奥灰水与太灰水之间的水力联系。

2. 二₁煤底板至 L_7 灰岩顶之间的砂质泥岩或泥岩

井田内普遍发育，平均厚度 10 m，厚度较稳定，节理、裂隙多为闭合性或被充填，透水性差，可阻止下伏含水层水进入矿井，但当遇断裂切穿隔水层或采矿影响破坏时，则下部太灰水能通过断层或破坏裂隙直接进入矿井。

3. 山西组顶部紫色泥岩和砂质泥岩

该层岩石颗粒细小、致密，裂隙多为闭合性或被充填，透水性差，层位稳定，厚度一般 30 m 左右，可阻隔石盒子组砂岩裂隙水与山西组砂岩裂隙水发生水力联系。

（三）新安水文地质单元划分、边界条件

本区为一较完整的水文地质单元，属新安岩溶水系统，亦称新安水文地质单元。新安煤田处于新安水文地质单元之内，主要含水层为寒武系与奥陶系灰岩岩溶裂隙承压含水层。该水文地质单元北界为黄河北岸近 EW 向的石井河断层，断层南盘奥陶系地层与北盘二叠系地层对接，形成阻水边界；西南以 NW 向的龙潭沟断层为界，其西侧属义马岩溶水系统；西北以曹村以西元古界石英砂岩露头线为界，元古界石英砂岩为相对隔水层，形成相对隔水边界；东南部岩溶含水层深埋，为岩溶地下水滞流区，形成滞流边界。上述各边界形成相对封闭独立的水文地质单元，总面积约 800 km² （图 2 - 3）。碳酸盐岩地层的裸露区域位于水文地质单元的西北部，是地下水的主要补给区；接受大气降水补给后，沿地层倾向向东南方向径流至滞流区转向东北，最终排泄入黄河（小浪底水库）（图 2 - 4）。随着小浪底水库水位的升降，水库水间也歇性补给地下水。受矿井疏排和工农业取水影响，人工疏取水也成为地下水的重要排泄方式。

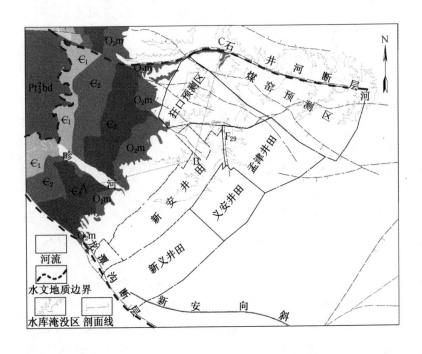

图 2 - 3　新安水文地质单元分布范围与边界条件示意图

（四）地下水补、径、排条件

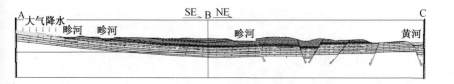

图 2 – 4　水文地质剖面图

1. 补给

1）大气降水

大气降水是地下水的主要补给来源。寒武系和奥陶系岩溶裂隙含水层为本区的主要含水层，岩性主要为厚层状灰岩、白云质灰岩、鲕粒灰岩及白云岩，岩溶发育（图 2 – 5）在新安水文地质单元西北部、石寺以西，大多裸露地表，面积约 108 km^2，接受大气降水补给，为岩溶地下水系统的主要补给区。大部分补给区标高大于 +400 m，最高 +749 m；近几十年来，经现场调查，受大规模的石灰岩和铝土矿开采的影响，部分地表岩溶被采矿弃渣充填，改变了地表的自然形态，大气降水补给强度有所减弱。

大气降水也是二叠系、三叠系裂隙含水层主要补给来源，但由于整体裂隙不发育，渗透性差，地表裂隙易为泥质风化物充填，大气降水补给有限。

本区属暖温带大陆性气候，四季分明，降水主要集中在 7 ~ 9 月份，占全年降水量的 50 ~ 60%，期间对地下水集中补给，地下水位呈现出季节性变化的特点。地下水位自集中降水补给后（7 ~ 9 月）开始上升，由于地下水反映的滞后性，12 月至次年 1 月份达到最高值，之后水位开始下降，每年 5 ~ 7 月份降至最低值（图 2 – 6）。

(a) 奥灰溶洞　　　　　　　　　(b) 寒灰溶洞

(c) 奥灰裂隙　　　　　　　　　(d) 寒灰裂隙

图 2-5　野外岩溶发育调查情况

2）小浪底水库

水库水位达到最高蓄水位 +275 m 标高后，将淹没新安煤田约 49.5 km²，其中，淹没新安井田 12.5 km²、义安井田 0.1 km²、孟津井田 3.5 km²。水库蓄水水位与蓄水量受人为蓄水、泄水控制而呈现季节性变化。

水库运营 10 多年间，每年 5～6 月份为泄水期，7～9 月为低水位运行期，期间做调水调沙试验，10 月至次年 4 月为高水位运行期，已形成周期性的蓄水调水规律（图 2-7）；蓄水期间岩溶水排泄端水位抬升，水库水位高于地下水位，在径流区下游

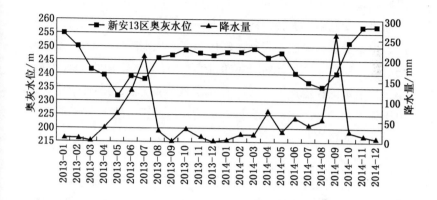

图2-6 岩溶地下水位与大气降水关系图

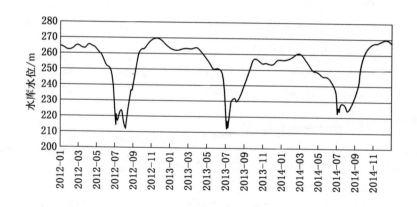

图2-7 小浪底水库水位变化曲线

反向补给地下水，是地下水重要的补给水源。

2. 径流

受构造和岩溶发育的控制，新安水文地质单元岩溶含水层存在径流条带。岩溶水自西北部补给区接受大气降水补给后，沿地层倾向，由浅至深，由高水位至低水位，向东南方向径流，至深部滞流区受到阻滞后转而向东北方向运移（图 2-8）。在径流下游，由于受许村断层、省磺矿断层等多条大型断层阻滞，径流不畅（图 2-9）。随着水库水位的抬升，径流区下游水力坡度减小，地下水的径流速度放缓。在小浪底水库水位周期性上涨时，由于地下水的排泄出口成为地下水的补给通道，地下水在排泄末端存在反向径流。

3. 排泄

水库蓄水前，地下水最终排泄入黄河，排泄出口标高在 +200 m 以下。小浪底水库蓄水后，排泄端标高抬升，排泄功能减弱，但水库水在泄水或低水位运行时，排泄作用明显。由于水文地质单元内绝大部分碳酸盐岩裸露区标高在 +400 m 以上，且大部分区域的水位标高高于小浪底设计最高洪水位 +275 m，小浪底水库仍是地下水最终的排泄出口。

受人工取水和矿井疏排水影响，人工排泄成为地下水的重要排泄方式，且排泄作用日趋重要。

二、矿井水文地质

（一）充水水源

1. 大气降水

新安煤田矿井在开采井田浅部煤层时，由于采深较小，采后导水裂隙可能与地表沟通，大气降水对矿井充水作用较强，矿井涌水量季节性变化较大。目前，矿井生产多已转移至深部，大气降水对矿井充水作用微弱。

2. 地下水

（1）煤层顶板砂岩孔隙裂隙承压水，是矿井的直接充水水源。在采矿影响下将直接涌入矿坑，是矿井日常生产中的主要充

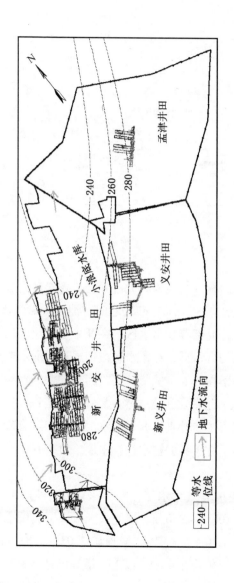

图 2－8　新安煤田奥灰原始流场示意图

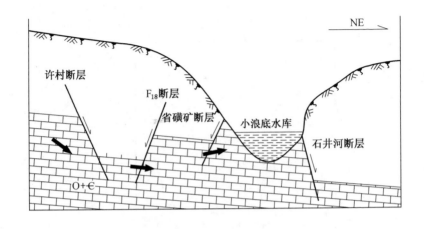

图 2-9　地下水径流受断层阻隔示意图

水水源。顶板砂岩含水层主要有大占砂岩、香炭砂岩和砂锅窑砂岩，平均厚度合计 40 ~ 45 m，砂岩之间有泥岩或砂质泥岩阻隔，富水性弱至中等，局部存在富水区；在开采厚煤层区域时，导水裂隙可沟通更多的含水层，在富水区段造成顶板涌水或突水。顶板砂岩水对矿井不构成安全威胁。

（2）底板太原组薄层灰岩含水层距二$_1$煤层平均 13 m，分上下两段，上段灰岩为矿井直接充水含水层。段间隔有砂质泥岩或粉砂岩，裂隙不发育，为弱富水性含水层，对矿井生产不构成威胁。

（3）煤层底板奥灰含水层，距主采煤层平均 53 ~ 59 m 左右，水位标高 +108 ~ +260 m。现开采区域煤层底板承受的奥灰水压为：新安矿 1.4 ~ 3.3 MPa，云顶矿 2.03 ~ 2.83 MPa，深部新义、义安和孟津矿均在 4 MPa 以上，最高已达 6 MPa。深部生产采区突水系数高达 0.1 MPa/m 以上，达到或超过正常情况下奥灰突水的临界值。采掘活动穿过富水或径流区域时，在构造破坏或采动破坏裂隙与含水层原始导高沟通情况下，则可能发生突水事故，使得奥灰水在突水时成为矿井的充水水源，威胁矿井安全。

3. 小窑水

新安煤田浅部曾经存在着数以千计的个体小煤窑，现大部分已关闭，采空区内形成大量积水。小浪底水库蓄水后，新安煤矿东部小窑水得到水库水的充分补给。受小窑水威胁的主要是新安煤矿与云顶煤矿，若其留设的小窑水防水煤柱不足，有可能发生小窑水溃入事故。

4. 地表水

小浪底水库蓄水至 +275 m 标高时，将淹没新安矿12.5 km^2、义安矿0.1 km^2 和孟津矿约3.5 km^2 的井田面积。水体下采煤时，若措施不当，则可能导致地表水渗（灌）入矿井，成为矿井的充水水源。

（二）充水通道

矿井充水通道主要有采矿引起的导水裂隙、井田内隐伏的小型断裂构造、封闭不良钻孔及采掘通道等。

1. 采矿引起的导水裂隙

受采矿因素影响，煤层顶底板产生采动裂隙，使得顶板砂岩含水层和底板太灰含水层成为矿井经常性的充水水源。在大采高条件下，导水裂隙可发育更高（深），能够沟通更多含水层，矿井涌水增加。

2. 断裂构造

断裂构造能够错断含水层，可使错断的各含水层产生水力联系。除自身储水外，断裂构造破坏隔水层的隔水性能，在采动条件下可能成为突水通道。1995 年 11 月 5 日，新安矿 12161 工作面上巷在掘进中揭露落差 3 m 的小断层而导致特大型奥灰突水，最大突水量达 4260 m³/h，直接导致矿井被淹。

3. 封闭不良钻孔

据地质资料和调查，勘探期间遗留的封闭不良钻孔新安井田内有 37 个、义安井田 7 个，列于表 2 - 3 中。封闭不良钻孔往往穿过多个含水层（组），成为多个含水层之间的联系通道，特别是在新安井田淹没区内，井下一旦误揭，将成为小浪底水库水或多个含水层水涌向矿井的通道，从而造成水灾事故。

表 2 - 3　新安煤田封闭不良（信息不清）钻孔统计表

井田名称	孔　　　号	存 在 问 题
新安井田	18、35、38、9、24、116、4、37、17	无封孔资料可查
	5、1901、33、91、27、70、19	封孔资料中缺用料数据
	115、59	封孔报告与单孔资料不一致
	106、29、28、1404、79	二₁ 煤层未封闭
	235	未下隔离物
	114、218、232、105、119、32、20、65、3120、83	封闭用料不足
	12、31、84	封孔仅用水泥，未用砂子
义安井田	2809	662 ~ 948 m 段遗留钻杆 286 m
	24、19012、19015、23020、25013、2705、31013	无封孔资料

4. 其他

新安煤田浅部的小窑采空区积水是矿井充水的重要水源，在与大矿沟通时采空区也可以成为小窑水涌入矿井的通道；导水通道在多数情况下往往是多种因素综合作用的产物，例如：矿压和水压联合作用下形成的导水通道等。

（三）矿井水害特征

奥灰水、小窑水和地表水是新安煤田矿井的主要防范对象，顶板砂岩水和底板太灰水是矿井的经常性充水因素，矿井涌水量的主要组成部分。奥灰和寒灰含水层厚数百米，富水性强而不均，奥灰水一旦突出，易造成淹工作面、采区，甚至发生淹井灾害，难以治理。小窑水静储量巨大，一旦突出，则来势汹汹，可能造成人员伤亡与重大财产损失。小浪底水库淹没煤田面积数十平方千米，在新安煤矿东翼水库水对小窑水补给充分。

据统计，截至 2015 年底，新安煤田各矿井老空水突水 11 次，均发生于新安矿，占总突水次数的 36%；煤层顶底板砂（灰）岩水突水 9 次，约占统计总数的 32%；奥灰突水 5 次，占 18%；其他突水 4 次（表 2 - 4）。

表 2 - 4　新安煤田各矿突水（涌）情况统计表

矿井	序号	位　置	时　间	水　源	通　道	最大水量/ $(m^3 \cdot h^{-1})$
新安矿	1	12031 工作面	1989 - 03 - 15	顶板砂岩水	采动裂隙	21
	2	12021 工作面	1989 - 05 - 25	顶板砂岩水	采动裂隙	23
	3	11041 与 11021 工作面联络巷	1990 - 06 - 16	老空水		46
	4	12 采区轨道下山	1990 - 04 - 14	底板水	底板裂隙	72
	5	11022 工作面下巷	1994 - 04 - 18	老空水		80
	6	12102 工作面下巷	1995 - 01 - 12	老空水	巷道	100
	7	11081 上巷	1995 - 07 - 21	老空水	巷道	40
	8	12141 下巷	1994 - 01 - 27	顶板砂岩水	断层	24

表 2-4（续）

矿井	序号	位 置	时 间	水 源	通 道	最大水量/($m^3 \cdot h^{-1}$)
新安矿	.9	12161 上巷	1995-11-05	奥灰水	断层	4260
	10	12 采区上山车场	1998-03-31	小煤窑水	人为	32
	11	11032 开切眼	1998-08-28	小煤窑水	人为	80
	12	11 采区皮带上山	1998-08-06	小煤窑水	人为	122
	13	14 采区上平台及工作面上巷口	2000-03-23	小煤矿	采空区	514
	14	11 采区皮带上山四车场溜煤眼	2000-06-28	小煤矿	采空区	100
	15	14 采区风井	2000-08-01	小煤矿	采空区	100
	16	井下 2 号水源井	2000-11-10	奥灰水	钻孔	115
	17	13051 工作面	2001-08-06	L_7 灰岩、顶板砂岩水	裂隙、断层	30
	18	井下 2 号水文孔	2002-11	含水层	水文孔管孔间	80
	19	井下 2 号水文孔	2003-06	含水层	水文孔管孔间	100
	20	井下 2 号水文孔	2004-06-04	含水层	水文孔管孔间	120
	21	12 水源井	2005-04-17	奥灰水	钻孔	100
	22	13151 工作面	2012-01-16	奥灰水	隐伏断层	700
新义矿	1	11011 工作面	2010-04	顶板砂岩、底板灰岩水	采动裂隙	220
	2	12011 工作面	2011-01	顶板砂岩、底板灰岩水	采动裂隙	320
义安矿	1	12010 工作面	2008-06-10	顶板砂岩、薄层灰岩水	采动裂隙	120
	2	12050 工作面	2011-03-01	顶板砂岩、薄层灰岩水	采动裂隙	160

表 2-4（续）

矿井	序号	位　置	时　间	水　源	通　道	最大水量/ $(m^3 \cdot h^{-1})$
义安矿	3	11060 工作面	2014-11-19	顶板砂岩、薄层灰岩水	采动裂隙	90
	4	12150 皮带底板巷	2014-11-03	奥灰水	钻孔	230
孟津矿	1	11011 工作面底板巷	2013-04-16	奥灰水	采动裂隙	1790

第三章　新安煤田区域水文地质条件时空差异

第一节　新安煤田区域水文地质条件时间性差异

一、小浪底水库蓄水前后区域水文地质条件差异

1. 地下水补给条件的变化

小浪底水库蓄水前，地下水的补给来源为大气降水。小浪底水库蓄水后，水库水也成为地下水的重要补给来源。小浪底水库建成后蓄水初期，水库水沿地下水的排泄口向地下含水层进行反向补给，成为地下水的重要补给来源。小浪底水库正常运转后，因防洪蓄水、调水调沙等功能交替发挥作用，小浪底水库水位呈现周期性变化，并在水位上涨期间反向补给地下水。据调查，淹没区存在没有彻底处理的民用奥灰水源井，水库水也可能通过这些水井补给地下水。奥陶系、寒武系灰岩裸露区标高大部分在 +400 m 以上，小浪底水库水位为 +230 ~ +275 m。小浪底水库蓄水后，虽然排泄出口上移，排泄端水位抬高，水库水成为地下水重要的周期补给水源（图 3 - 1），但大气降水仍然是地下水始终的主要补给来源。

蓄水之前，潜水含水层主要得到大气降水、季节性河流补给；之后，水库及淹没区附近潜水含水层可以得到水库水的充分

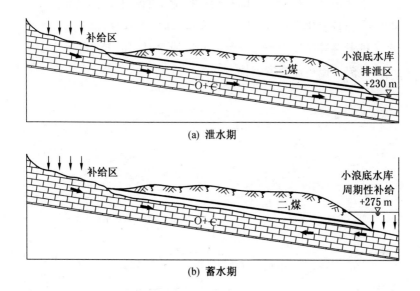

(a) 泄水期

(b) 蓄水期

图3-1 小浪底水库周期性补给地下水示意图

补给。蓄水之前，砂岩含水层主要得到大气降水补给；之后，也得到水库水的侧向补给。蓄水之前，小窑水补给有限，主要为大气降水补给；之后，煤田东部二₁煤小窑水能够得到水库水的充分补给。

2. 地下水径流条件的变化

小浪底水库蓄水之前，地下水由高水位向低水位自补给区沿径流条带向排泄口径流；在小浪底水库建成后蓄水初期，由于地下水的排泄出口成为地下水的补给通道，地下水在排泄末端开始反向径流。水库水位稳定时，地下水在排泄末端的水位也上升到水库水位标高时，地下水恢复原方向径流。但由于排泄基准面比蓄水前提高，水力坡度变小，径流速度放缓。

　　水库正常运行期后，随补给、排泄功能转变，排泄端径流方向发生交替变化（图 3-2）。水库蓄水时，随着水位上升，地下水在排泄端开始反向径流补给。水库泄水时，地下水径流方向为正向径流，但径流速度加快。

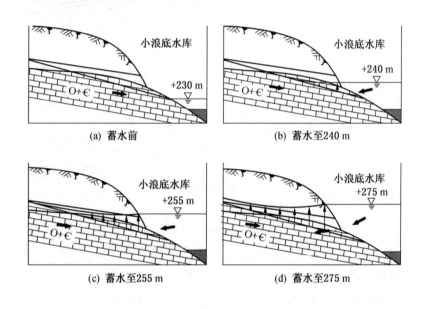

(a) 蓄水前　　　　　　　　　　　　　(b) 蓄水至240 m

(c) 蓄水至255 m　　　　　　　　　　(d) 蓄水至275 m

图 3-2　小浪底水库蓄水后径流方向周期间交替示意图

　　总之，小浪底水库建成蓄水后，最高蓄水位标高以上，地下水的径流方向不变；最高蓄水位以下，排泄端地下水的径流方向随着蓄水、泄水而呈现反向径流、正向径流的周期性交替。小浪底水库建成蓄水后，由于水力坡度减小，地下水的径流速度放缓。

3. 地下水排泄条件的变化

　　小浪底水库蓄水前，地下水向黄河自然排泄，排泄出口标高

在 +200 m 以下。小浪底水库运行初期，其自然排泄端仍然保持排泄功能，地下水仍沿原来的排泄出口排泄。水库蓄水运行后期，由于 +230 m 以下为死库容，随着上游下泄泥沙淤积，排泄出口上移，原有的 +230 m 以下的灰岩露头区其排泄功能将逐渐自下而上丧失；随着小浪底水库的蓄水、泄水，排泄口标高上下移动（ +230 ~ 275 m），排泄功能周期性地转化为反向补给。另外，受人工取水和矿井疏排水的影响，人工排泄成为地下水的重要排泄方式。

总之，小浪底水库建成蓄水后，新安水文地质单元地下水的补、径、排条件发生了重大变化：水库水也成为地下水重要的补给来源，径流区下游地下水位有所抬高；随着小浪底水库水位的周期性改变，排泄端补给与排泄功能交替变化；蓄水后期 +230 m 以下将逐步失去排泄功能。但新安水文地质单元的主要含水层补、径、排条件没有发生根本性改变，大气降水仍然是地下水最主要的补给来源，虽然排泄端补给与排泄功能交替变化，水库水也成为地下水重要的补给来源，由于单元内绝大部分碳酸盐岩裸露区标高在 +400 m 以上，且大部分区域的水位标高高于小浪底设计最高洪水位 +275 m，地下水仍最终排泄至黄河。

二、小浪底水库蓄水前期和后期区域水文地质条件差异

小浪底水库蓄水后，随着水位的涨落，岩溶地下水原有的排泄通道周期性地呈现补给与排泄功能。前期，小浪底水库虽然每年都调水调沙，但总体上泥沙的进入量大于排出量，随着泥沙淤积层增厚，死库容内的原有排泄通道逐渐被淤实而丧失补、排功能；后期，进入库区的泥沙量与排出的泥沙量基本平衡，库区泥沙淤积层趋于稳定，死库容范围内的原有排泄通道将丧失补、排功能。稳定泥沙淤积层的存在是造成小浪底水库蓄水前期和后期

水文地质条件差异的根本原因。小浪底水库蓄水的前期和后期的区域水文地质差异主要表现在：

1. 死库容范围内补、排条件的变化

小浪底水库库容 126.5 亿 m^3，设计死库容 75.5 亿 m^3，有效库容 51 亿 m^3，调水调沙库容 10.5 亿 m^3。水库蓄水初期，随着水位周期性涨落，岩溶地下水原有的排泄通道周期性地呈现补给与排泄功能。蓄水前期，小浪底水库虽然每年都调水调沙，但总体上泥沙的进入量大于排出量，水库上游泥沙在库底逐渐淤积增厚，根据实测资料，2011 年 4 月畛河沟口泥沙淤积厚度已达 52 m（图 3-3）。随库底逐渐淤积增厚，死库容内的原有排泄通道逐渐被淤实而丧失补、排功能，排泄出口上移，排泄基准面将抬升至泥沙淤积层以上。

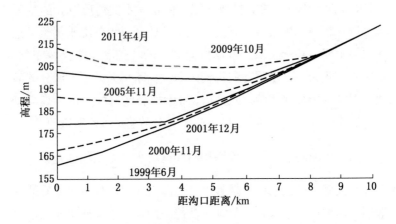

图 3-3　小浪底库区支流畛河淤积纵剖面变化过程

蓄水后期，库区内泥沙淤积量将达到设计淤沙库容，进入库区的泥沙量与排出的泥沙量基本平衡，库区泥沙淤积层趋于稳定，死库容范围内的原有排泄通道将丧失补、排功能，同时原有基岩裸露区能够接受水库水补给的区域也丧失了补、排功能。在死库容内，稳定的淤积层能有效阻隔水库水与地下水之间的水力联系。

2. 间歇性淹没区水文地质变化

泥沙淤积层的存在，除带来死库容范围内补、排条件的变化外，也带来了间歇性淹没区水文地质的变化。小浪底水库间歇性淹没区地表岩体岩性以砂质泥岩、泥岩和砂岩为主，泥岩比例约为50%。泥岩中主要含有高岭石、伊利石、蒙脱石等黏土类矿物（表3-1），有很强的亲水性，当遇水时，能发生显著的体积变化。由于间歇性淹没区泥岩中黏土类矿物周期性的含水、失水，有利于岩石的风化，因此，地表岩体易风化崩解。

表3-1　黏土相对定量分析结果

序号	I	I/M	M	Ch	K	备　　注
1	6	13	4	3	74	
2	3	26	3	3	65	
3	6	19	3	4	68	M:蒙脱石
4	20	5	2	2	71	$(Na,Ca)_{0.7}(Al,Mg)_4(OH)_4(SiAl)_8O_{20}\cdot$
5	22	5	3	4	66	nH_2O
6	21	6	3	2	68	I:伊利石
7	6	6	5	2	81	$KAl_2(OH)_2(AlSi)_4O_{10}$ I/M:伊利石/蒙脱石
8	5	25	2	3	65	$KAl_2(OH)_2(AlSi)_4O_{10}/(Na,Ca)_{0.7}(Al,$
9	19	6	3	2	70	$Mg)_4(OH)_4(SiAl)_8O_{20}\cdot nH_2O$
10	20	5	2	2	71	K:高岭石 $Al_4(OH)_8Si_4O_{10}$
11	7	39	7	6	41	Ch:绿泥石
12	4	6	3	2	85	$(Mg,Fe,Al)_6(OH)_8(Si,Al)_4O_{10}$
13	5	7	5	3	80	
14	10	17	3	2	68	

小浪底水位在 +230 ~ 275 m 之间周期性变化，存在大面积间歇性淹没区。蓄水前期，水库水主要通过地表裂隙、断层对地下水进行补给；蓄水后期，由于水位周期性变化，反复水侵水退，利于岩体的风化作用，在陡坡区岩体容易发生崩塌、塌方、滑坡，地表形态改变，同时在坡缓区域形成一定厚度的淤积层，减弱了地表水的侧向补给。

三、区域水文地质条件季节性差异

1. 地下水补给、径流的季节性差异

由于大气降水的季节性变化，汛期地下水在露头区集中接受大气降水补给。之后进入枯水期，大气降水对地下水补给强度减弱。

水库水位在 230 ~ 275 m 之间呈现季节性变化。每年 5 ~ 6 月泄水，水库水位下降；7 ~ 9 月为低水位运行期；10 月至次年 4 月为高水位运行期。随着水库水位的季节性变化，淹没区面积呈现出季节性变化的特点（图 3 - 4）。低水运行期间（5 ~ 6 月），水位在 +230 m 左右，淹没面积至最低值 19.3 km²，水库水对地下水补给最弱。同时，因排泄端水位降低，地下水水力坡度变大，区域地下水径流速度加快。高水位期间，水位在 +260 ~ +275 m，淹没面积最大 49.5 km²，径流区下游水位升高，水库水对地下水的补给作用增强，地下水在排泄端存在反向径流。

2. 地下水位变化的季节性差异

奥灰地下水自然动态变化主要受气象因素控制，汛期（7 ~ 9 月），大气降水大量补给，水位上升，由于地下水反映的滞后性，水位到 12 月左右达到最高值。之后进入枯水期，水位下降，至 7 月左右降至最低值（图 3 - 5）；小浪底水库水位也在每年 12 月左右达到高值，径流区下游奥灰水位抬升。在大气降水和水库

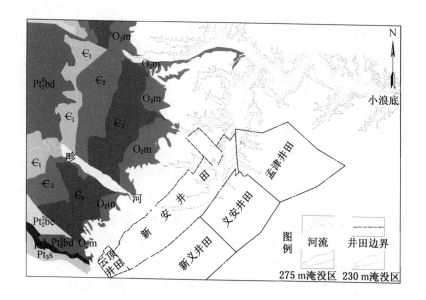

图 3-4 小浪底淹没面积的季节性变化

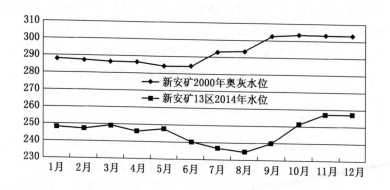

图 3-5 新安煤田奥灰水位季节性变化曲线图

水综合作用下，奥灰水位在每年的冬季达到最高值。

四、开采前后区域水文地质条件差异

疏排矿井水是保证矿井安全生产的必要条件，新安煤田已大规模开发数十年，造成了区域水文地质条件发生明显改变，主要表现在以下方面：

1. 地下水补径排条件的变化

1）补给条件变化

经长期开采，煤田浅部已形成大面积采空区，蓄积的老空水可通过采动裂隙等导水通道对地下含水层起到侧向补给作用，但由于顶板砂岩含水层裂隙不发育，渗透性差，补给量有限。老空水补给地下水时，由于其属酸性，可能污染地下水。

2）径流条件变化

开采前地下水主要是自补给区沿含水层向排泄区径流，径流速度较慢。

开采后，由于矿井疏排水成为地下水重要的排泄方式，周边地下水向矿井径流，形成降落漏斗，地下水原来的径流条件发生重大改变，在顶底板破坏影响范围内，地下水由顺层流动为主转变为以垂向流动为主。另外，由于采用全覆盖注浆加固底板与改造含水层，以及突水后对主要突水通道的封堵，地下水径流条件进一步复杂化。

3）排泄条件变化

煤矿开采后区域地下水除以原来的方式自然排泄外，矿井排水也成为地下水的主要排泄方式之一。现有流场是自然排泄和人工排泄综合作用的结果。矿井排水主要包括矿井涌水、水源井疏（供）水、突水等。

矿井涌水主要来自直接充水含水层，包括顶板砂岩裂隙水和底板太灰水。随开采水平的延伸和开采面积扩大，涌水强度自矿井开采以来逐渐增加。据统计，2015 年新安煤田矿 5 矿涌水强度达 1888 m^3/h。矿井涌水已成为顶板砂岩裂隙水和底板太灰水的主要排泄方式。

部分矿井井上下施工有奥灰水源井，将奥灰水作为生活用水及井下除尘、打钻等工业用水，疏水与供水结合。由于奥灰水源井等疏降作用，近年来，奥灰含水层水位也出现较大程度的下降，如深部新义、义安两矿自开采以来奥灰水位大幅度下降，分别达 160 m、100 m，以开采区为中心已形成明显的降落漏斗（图 3 - 6）。井下水源井取水、矿井疏水成为奥灰水重要的排泄方式。

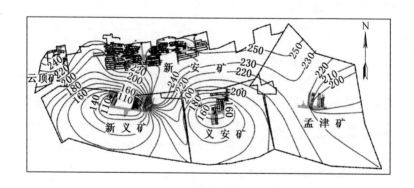

图 3 - 6　奥灰水位等值线图（2015 年）

矿井突水，使地下水在较短时间内集中排泄，突水期内成为地下水的主要排泄方式。新安煤田矿井已发生较大的奥灰突水 5 次（表 3 - 2）。2013 年，孟津矿 11011 工作面发生底抽巷奥灰突水，最大水量 1790 m^3/h，持续时间将近一年，累计出水 1638 万 m^3。

表 3 - 2　新安煤田矿井近年突水事故一览表

地　点	时　间	水源	最大突水量/ (m³·h⁻¹)	出水总量/ 万 m³	水位降幅/ m
新安矿 12161 工作面	1995 – 11 – 05	奥灰	4260	244	42
渠里矿 21111 工作面	2008 – 08 – 18	奥灰	1520	382	37
新安矿 13151 工作面	2012 – 01 – 16	奥灰	700	120	20
孟津矿 11011 工作面	2013 – 04 – 16	奥灰	1790	1638	——
义安矿 12150 工作面	2014 – 11 – 03	奥灰	230	72	40

2. 含隔水层结构的变化

矿井开采前，煤层顶底板多个含水层之间有隔水层阻隔，水力联系较弱；矿井采煤后，受顶板导水裂缝带和底板破坏带影响，原有的含隔水层结构遭到破坏，失去原有阻隔水功能（图 3 - 7）。

3. 地下水水质的变化

矿井开采前，地下水径流距离远，水力坡度小，速度较慢，水交替强度低，地下水矿化度相对较高；开采后，由于地下水排泄强度增加，地下水径流速度变快，交替强度增加，水的矿化度有所降低。采空区长期积水后，由于煤系中含有大量黄铁矿 FeS_2，发生生物化学氧化作用，形成大量的铁离子、硫酸根离子和氢离子，采空区积水酸性增强。另外，若大量使用污染性注浆材料，则可能污染地下水。

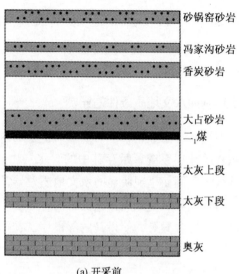

(a) 开采前

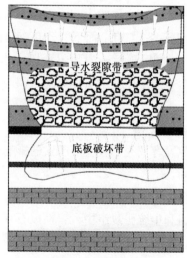

(b) 开采后

图 3-7　开采前后含水层结构变化示意图

第二节　新安煤田区域水文地质
条件空间性差异

一、含水层垂向水文地质条件差异

新安煤田地层在垂向上，自下而上形成了分别为灰岩、砂泥岩和松散沉积物等地层系统。赋存其中的含水层由于埋藏条件、岩性、地层结构等不同而呈现明显的水文地质差异；同一含水层由于存在垂向岩性差异、空隙发育程度不同、邻近地层差别、垂向水力联系密切程度各异等，使得其内部也存在着垂向水文地质差异。

1. 含水层类型不同

受地下水埋藏条件和赋存介质的影响，垂向上新安煤田各含水层类型差异明显（图3-8）。自上而下，分布有第四系及新近系孔隙潜水含水层、二$_1$煤层顶板砂岩裂隙承压含水层、二$_1$煤层底板石炭系灰岩岩溶裂隙承压含水层、奥陶系和寒武系灰岩岩溶裂隙承压含水层等。

2. 同一含水层富水性变化

受岩性变化、空隙发育及充填程度等因素的影响，同一含水层在垂向上富水性不同。

寒灰含水层在上统凤山、长山组中，岩性以白云岩和泥质白云岩为主，上统崮山组和中统张夏组中，岩性以石灰岩、白云质灰岩为主，中统徐庄、毛庄组和下统馒头、辛集组中，岩性则变化为泥岩、砂质泥岩夹灰岩、泥灰岩等。岩性组合的不同，其岩溶发育强度差异较大，富水性等存在较大差异；奥灰含水层在垂向上受岩溶发育及充填程度的影响，含水层富水性也存在较大差

系	统	组	代号	厚度/m 最小值~最大值	标志层	柱状	主要岩性	水文地质特征
第四系			Q	0~83.6			河床砾石及表土层组成	主要赋存河谷内的孔隙潜水，富水性中等
新近系			N	0~50			砂岩、砂质新土及泥灰岩组成	
三叠系	下统	刘家沟组	T_{1l}	>150	S_j		细粒砂岩中粒，俗称金斗山砂岩	
二叠系	上统	石千峰组	P_{2sh}^2	170~280	S_p		以砂质泥岩为主，局部夹细粒石英砂岩，中、粗粒长石石英砂岩，底部含泥质包体及石英岩砾	
二叠系	上统	上石盒子组	P_{2sh}^1	43~100	S_t		砂岩及砂质泥岩，底部砂岩	平顶山砂岩裂隙承压水，富水性弱至中等，水质多为HCO_3-Na型
二叠系	下统	下石盒子组	P_{2s}	160~220	S_s		中细粒砂岩、砂质泥岩或泥岩、含薄煤层，底部中粗粒砂岩、细粒	砂锅窑砂岩裂隙承压水，裂隙不甚发育，富水性较弱，水质多为HCO_3-Na型
二叠系	下统	山西组	P_{1x}	200~283	S_x S_d		石英砂岩、粉砂岩、砂质泥岩及主要可采层二煤	香炭砂岩和大占砂岩裂隙承压水含水层，一煤层顶板直接充水含水层，二煤层底板直接充水含水层，富水性弱，水质多为$HCO_3 \cdot SO_4$-Ca·Na型
石炭系	上统	太原组	P_{1s}	76~136	L_7 L_4		石灰岩及砂岩、泥岩及煤层二煤	太原组灰岩砂岩裂隙岩溶承压水含水层，二煤层底板直接充水含水层，水质多为$HCO_3 \cdot SO_4$-Ca·Na型
石炭系	中统	本溪组	C_{2b}	6~16			铝质泥岩和铝质泥岩层，底部偶见黄铁矿层	
奥陶系	中统	马家沟组	O_{2m}	65~300			灰岩、白云岩，夹厚层泥晶灰岩	富水性极不均匀的岩溶承压水含水层，富水性多为HCO_3-Ca·Mg型
寒武系				>300			厚层状白云岩、白云岩或藕状白云质灰岩，夹泥灰岩	富水性不均匀的岩溶承压水含水层，富水性多为HCO_3-Ca·Mg型

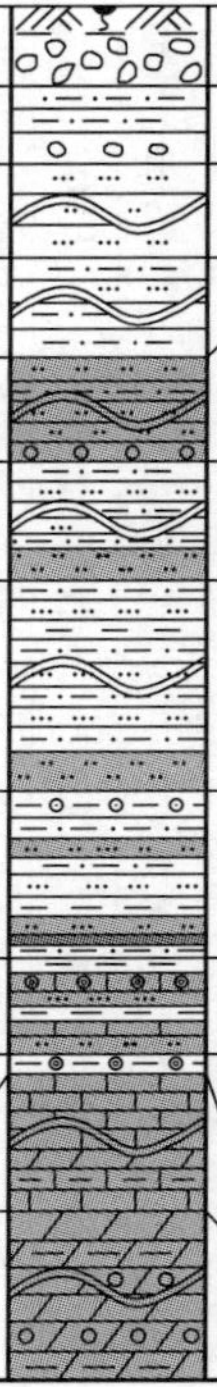

图3-8　新安煤田水文地质综合柱状简图

别。根据打钻资料，奥灰顶部 0 ~ 15 m 范围内，岩溶裂隙充填较好，富水性较弱。下部奥灰岩溶填充较差，富水性变强。

3. 水质差异

地下水水质的化学成分是地下水与岩石系统长期相互作用的产物，由于二$_1$煤层顶、底板地下水赋存介质岩性不同，造成各含水层水质差异明显（表 3 - 3）。顶板砂岩裂隙含水层富含长石类矿物，风化水解后易形成阳离子以 Na^+ 为主的地下水，水质类型常表现为 HCO_3—Na 型；灰岩溶隙含水层岩石主要成分为碳酸盐类沉积物，风化水解后易形成阳离子以 Ca^{2+}、Mg^{2+} 为主的地下水，水质类型常表现为 HCO_3—Ca·Mg 型。

表 3 - 3 新安煤田部分涌（出）水点水质类型

矿　井	取　样　地　点	出水水源	水　质　类　型
新安煤矿	15 皮带下山正头	顶板砂岩水	HCO_3—Na
	西大巷水源井水	底板奥灰水	HCO_3—Ca·Mg
新义煤矿	东八车场顶板淋水	顶板砂岩水	HCO_3—Na
	东区水文孔	底板奥灰水	HCO_3—Ca·Mg
义安煤矿	西轨巷道顶板淋水	顶板砂岩水	HCO_3—Na
	井下 2 号水文孔	底板奥灰水	HCO_3—Ca·Mg
孟津煤矿	12011 工作面轨顺顶板补 6 孔	顶板砂岩水	HCO_3—Na
	11011 工作面	底板奥灰水	HCO_3·SO_4—Ca·Mg
云顶煤矿	11100 工作面下巷 5 - 1 钻孔	底板奥灰水	HCO_3—Ca·Mg

二、水平方向水文地质条件差异

1. 水文地质单元分区差异

奥灰水由于受构造、补径排条件、古时期与现代侵蚀基准面

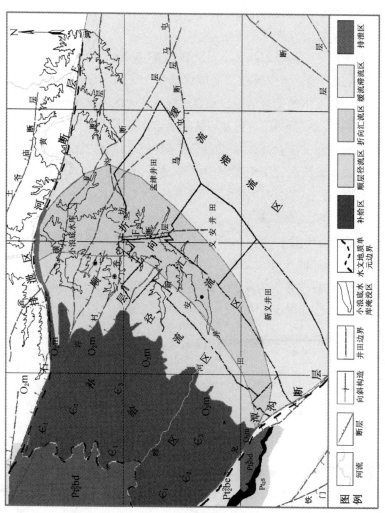

图 3 - 9 新安水文地质单元补径排条件分区图

控制，富水性、径流强弱差别极大，存在强（主）径流带。根据井上下水文地质调查资料综合分析，新安水文地质单元，水平方向上，可以划分为补给区、顺层径流区、折向汇流区、缓流滞流区和排泄区等（图3-9）。

补给区主要为煤田西北部奥灰和寒灰出露区和浅埋区，面积约108 km²，地下水主要在该区域内接受大气降水补给；顺层径流区是指地下水接受补给后，在煤层浅埋区顺地层倾向向东南方向径流的区域；折向汇流区是指地下水自东南向东北转向汇流的区域，包括新安矿大部和深部三矿浅部区域，该区内地下水较为富集；缓流滞流区位于新安煤田深部，地下水处于缓流或滞流状态；排泄区位于煤田东北部条带状奥灰出露区，石井河断层附近。

2. 地质构造分布差异

新安煤田构造分布存在较明显的空间差异。东北部区域构造发育，自东向西分布有：石井河断层、省磺矿断层、F_{18}断层、F_{11}断层、许村—香坊沟断层、F_{28}断层以及F_{29}断层、马屯断层等多条大型断层（图3-10）；而中西部断层稀少、构造简单；紧

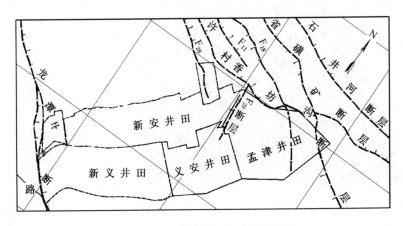

图3-10　新安煤田构造纲要图

邻龙潭沟断层的煤田西端中、小型构造也较发育。由于构造对地下水的富集与运移起控制作用，因此，新安煤田东北区域水文地质条件最为复杂，主要包括新安煤矿东翼、孟津煤矿、煤窑预测区和狂口预测区等，煤田西南部区域水文地质条件次之，中部区域水文地质条件则相对简单。

第三节　新安煤田区域地下水水化学特征差异

地下水的化学成分是水与之接触的岩石系统及其所处环境长期作用的产物。地下水的化学场特征，取决于形成地下水化学成分各种作用的过程和结果，而这些作用和结果是受水文地质条件所控制。新安煤田水文地质条件复杂，矿井主要充水含水层的径流与循环交替条件多样，而与区域地下水流场相互作用的地下水化学场，其必然会因复杂的地下水补给、径流和排泄条件而发生较大变化，在区域上表现一定的一致性同时，在空间上还表现一定的差异性。

一、地下水水化学成分的空间差异性

对新安煤田矿井生产影响的含水层主要为二$_1$煤层底板奥陶系灰岩岩溶承压含水层（奥灰）、石炭系太原组灰砂岩岩溶裂隙承压含水层（太灰）和二$_1$煤层顶板砂岩裂隙承压含水层。为研究这三个含水层的水化学特征，在新安、新义、义安、孟津等4矿选取90个水样的水化学分析资料（表3－4），对其阳离子比例成分、阴离子比例成分及pH值、总硬度、矿化度、总碱度等统计分析，总结其空间变化规律。

1. 新安煤田主要含水层水化学成分差异性

下图为新安煤田三个主要含水层部分水样分析piper图

表 3 - 4　新安煤田水化学特征分析水样选取情况

水样名称	水 样 个 数				合计
	新安煤矿	新义煤矿	义安煤矿	孟津煤矿	4
奥灰水	10	9	10	10	39
顶板砂岩水	8	8	7	7	30
太灰（砂）水	5	5	4	7	21
合计	23	22	21	24	90

（图 3 - 11）。从图上可以看出，三含水层水质在 piper 图上分布

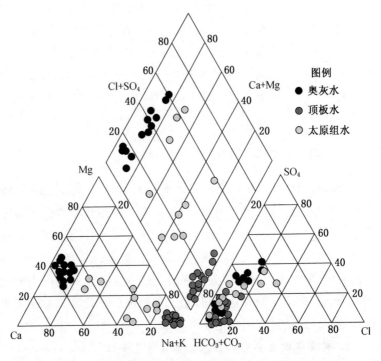

图 3 - 11　新安煤田部分奥灰水、顶板水及太灰水 piper 图

区域存在较大差异，奥灰水水质类型主要为 HCO_3—$Ca \cdot Mg$ 和 $HCO_3 \cdot SO_4$—$Ca \cdot Mg$ 型；太原组水质类型主要为 $HCO_3 \cdot SO_4$—$Na \cdot Ca$、HCO_3—$Ca \cdot Na$ 和 HCO_3—$Na \cdot Ca$；顶板砂岩水水质类型为 HCO_3—Na，偶见 $HCO_3 \cdot SO_4$—Na。

另外三含水层水质在矿化度、pH 值、总硬度、总碱度等方面也存在差异（表 3 - 5）。

表 3 - 5　新安煤田矿井地下水中部分指标含量

矿井	矿化度/$(mg \cdot L^{-1})$			pH　值			总硬度/$(mg \cdot L^{-1})$		
	奥灰水	太灰水	顶板水	奥灰水	太灰水	顶板水	奥灰水	太灰水	顶板水
新安矿	515.86	679.39	781.83	7.80	8.03	8.58	301.91	157.54	14.69
新义矿	525.07	601.39	890.04	7.49	7.68	8.42	307.02	162.51	28.68
义安矿	538.46	614.4	893.05	7.53	7.73	8.43	305.73	116.76	26.18
孟津矿	531.78	712.95	1228.82	7.69	8.02	8.69	311.56	185.43	35.92

2. 同一含水层间水质在空间上的变化

新安煤田同一含水层水质虽总体上保持相同或相近，但在空间上单个水样点间水质却存在一定的变化。在选取的奥灰 39 个水样、太灰 21 个水样和顶板砂岩 30 个水样中，同一含水层水样中的离子含量均存在一定的差异。在同一井田取样点位置接近、水位基本相同时，差异同样存在，如孟津矿 4 个奥灰水样点的矿化度（表征地下水中各离子含量之和）、总硬度（阳离子主要成分 Ca、Mg 离子之和）、pH 值、总碱度等方面均存在一定差异（表 3 -6）。

表 3-6　孟津煤矿奥灰水样采取点部分水化学分析结果

取样地点	水位/m	矿化度/$(mg \cdot L^{-1})$	总硬度/$(mg \cdot L^{-1})$	pH	总碱度/$(mg \cdot L^{-1})$
西一水源井	+228	458.1	258.5	8.18	195.51
中央泵房水文孔	+221	595.7	334.4	7.57	243.44
东六水文孔	+210	529.2	273.3	8.21	126.83
东回风水文孔	+226	541.9	225.7	7.68	210.39

二、地下水稳定同位素差异性

地下水同位素分析中常用的稳定同位素为 D 和 ^{18}O。其在蒸发过程中，$H_2^{16}O$ 比包含一个重同位素的分子（$HD^{16}O$ 或 $H_2^{18}O$）更为活跃一些，$H_2^{16}O$ 更易蒸发，受强烈蒸发作用的水中富含重同位素；在冷却凝结过程中，较为不活跃的重分子首先凝结，余下水汽中的 D 和 ^{18}O 会越来越少，表现为贫重同位素。这样，水在蒸发和凝结过程中，组成水分子的氢、氧同位素丰度变化的现象，称为同位素分馏作用。正是这种作用，造成了不同时期、不同来源的地下水中稳定同位素 D、^{18}O 的含量差异。

为研究新安煤田地下水稳定同位素 D 和 ^{18}O 的空间分布特征，在新安煤田新安、义安、新义、孟津等 4 对矿井井下选取20 个地下水样，并选取 2 个地表水样（图 3-12），送至河海大学水文水资源与水利工程国家重点试验室进行了检测，检测结果见表 3-7。

表 3-7　稳定同位素 D 和 ^{18}O 检测结果

水样名称	含水层	δD（vsmow）‰	$\delta^{18}O$（vsmow）‰
孟津 12011 工作面皮带顺槽	顶板砂岩水	-75.7	-10.76
孟津西一车场水文孔	奥灰水	-75	-10.41

表3-7（续）

水 样 名 称	含水层	δD（vsmow）‰	$\delta^{18}O$（vsmow）‰
孟津中央泵房水文孔	奥灰水	-76.5	-10.73
孟津东六车场水文孔	奥灰水	-69.2	-9.91
孟津东回风2号水文孔	奥灰水	-76.2	-10.65
义安1号水文孔	奥灰水	-70.1	-10.02
义安2号水文孔	奥灰水	-75.4	-10.67
义安3号水文孔	奥灰水	-73.7	-10.74
义安12150轨道顺槽 G_1-3 孔	奥灰水	-64.6	-9.14
新义井底水文孔	奥灰水	-70.7	-10.34
新义东区水文孔	奥灰水	-70.6	-10.23
新义11070工作面 G_1-3 孔	太灰水	-69.3	-10.1
新义煤矿西一车场	混合水	-67.8	-9.95
新义西二12011工作面	奥灰水	-67.5	-9.62
新义11070工作面12号钻场	顶板水	-77.3	-10.4
新安11轨道下山水文孔	奥灰水	-60.4	-8.76
新安13轨道下山水文孔	奥灰水	-70.6	-10.36
新安14轨道底水文孔	奥灰水	-65.6	-9.59
新安16区水文孔	奥灰水	-61.7	-9.02
新安15040工作面切眼	混合水	-61.6	-8.88
小浪底水库畛河段	地表水	-58.3	-8.24
小浪底水库横山码头	地表水	-61.8	-8.48

　　大气中D和 ^{18}O 含量存在直线相关关系，常用大气降水线（降水方程）表示。降水方程是分析地下水稳定同位素D和 ^{18}O 的基础，地表水蒸发线常通过地表水样监测点的数据去拟合。根据前人研究成果及区域地表水稳定同位素含量数据，绘制三条大气降水线（全国、河南和郑州）和拟合地表水蒸发线（图3-

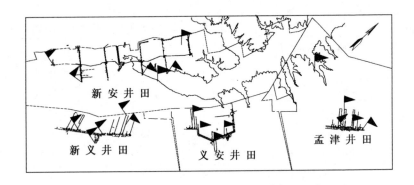

图 3 - 12　新安煤田同位素检测水样选取点平面分布示意图

13）。研究区及其附近 7 个地表水样点均散落于三条大气降水线的右下方，明显受蒸发作用影响而偏离大气降水线。

新安煤田 20 个地下水样稳定同位素 δD 值 - 76.5‰ ~ - 60.4‰，平均 - 69.73‰；$\delta^{18}O$ 值 - 10.34‰ ~ - 8.76‰，平均 - 10.01‰。这些点均散落在三条降水方程线附近（图 3 - 12），同位素含量较低，与相对富积的地表水样存在较为明显差异，说明研究区地下水以接受在地表露头区补给的大气降水为主。稳定同位素数据显示，空间上总体自新安、新义、义安到孟津，δD 值和 $\delta^{18}O$ 值逐步降低（表 3 - 8），反映了空间上地下水接受大气降水的时期不同，且径流强弱存在差异。

表 3 - 8　新安煤田 4 矿稳定同位素含量表

矿井	δD（vsmow）‰	δD‰均值	$\delta^{18}O$（vsmow）‰	$\delta^{18}O$‰均值
新安矿	- 70.6 ~ - 60.4	- 64.58	- 10.36 ~ - 8.76	- 9.43
新义矿	- 70.7 ~ - 67.5	- 69.18	- 10.34 ~ - 9.62	- 10.05

表3-8（续）

矿井	δD（vsmow）‰	δD‰均值	$\delta^{18}O$（vsmow）‰	$\delta^{18}O$‰均值
义安矿	-75.4 ~ -64.6	-70.95	-10.74 ~ -9.14	-10.14
孟津矿	-76.5 ~ -69.2	-74.2	-10.73 ~ -9.91	-10.43

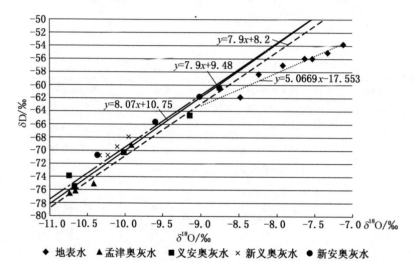

图3-13　新安煤矿四矿奥灰水稳定同位素相关曲线图

三、地下水放射性同位素差异性

氚（T 或 ^3H）是氢的放射性同位素，其浓度常用氚单位（TU）表示（1TU 相当于 10^{18} 个氢原子中含一个氚原子）。大气降水中的氚主要有两个来源：天然氚（宇宙氚）和人工核爆氚。氚原子生成后，即与大气中的氧原子化合生成 HTO 水分子，成为天然水的一部分，参与水循环。同其他水分子一样，在天然水的循环过程中，也打上了环境因素的特征标记，成为追踪各种水文地质作用的理想示踪剂。更重要的是它的放射性计时性，成为水文地质研究中一种重要的定年手段。

本次研究在新安煤田同期取地下水样 20 个，送至河海大学水文水资源与水利工程国家重点实验室进行检测，检测结果见表 3-9。

表 3-9　放射性稳定同位素氚检测结果

编号	水样名称	含水层	^{3}H(Bq/L)/TU
1	孟津 12011 工作面皮带顺槽	顶板砂岩水	0.01/(0.10)
2	孟津西一车场水文孔	奥灰水	0.03/(0.25)
3	孟津中央泵房水文孔	奥灰水	0.01/(0.04)
4	孟津东六车场水文孔	奥灰水	0.2/(1.74)
5	孟津东回风 2 号水文孔	奥灰水	0.03/(0.24)
6	义安 1 号水文孔	奥灰水	0.11/(0.96)
7	义安 2 号水文孔	奥灰水	0.03/(0.28)
8	义安 3 号水文孔	奥灰水	0.09/(0.78)
9	义安 12150 轨道顺槽 G_1-3 孔	奥灰水	0.29/(2.44)
10	新义井底水文孔	奥灰水	0.12/(1.04)
11	新义东区水文孔	奥灰水	0.03/(0.29)
12	新义 11070 工作面 G_1-3 孔	太灰水	0.06/(0.54)
13	新义煤矿西一车场	混合水	0.23/(1.98)
14	新义西二 12011 工作面	奥灰水	0.16/(1.37)
15	新义 11070 工作面 12 号钻场	顶板水	0.02/(0.17)
16	新安 11 轨道下山水文孔	奥灰水	0.53/(4.48)
17	新安 13 轨道下山水文孔	奥灰水	0.09/(0.73)
18	新安 14 轨道底水文孔	奥灰水	0.26/(2.22)
19	新安 16 区水文孔	奥灰水	0.49/(4.17)
20	新安 15040 工作面切眼	混合水	0.62/(5.26)

20个地下水的放射性同位素氚检测结果显示，氚含量在0.04~5.26TU之间，平均1.45TU，大部分地下水水样点的氚含量较低。整体上看，区域地下水放射性同位素含量在新安煤田浅部和深部差异明显，浅部的新安煤矿，氚含量0.73~5.26TU，平均2.90TU；深部的新义、义安、孟津三矿，氚含量0.04~2.44TU，平均0.84TU，深部地下水的氚含量和浅部相比，明显偏低。

在井田范围内，放射性同位素氚含量同样存在明显的空间差异。义安矿4个奥灰水样检测结果（表3-10）表明：埋深较浅的水样氚含量要明显高于埋深较深的水样，如埋深最浅的12150轨道顺槽 G_{1-3} 孔，其氚含量较埋深较深的1、2、3号水文孔要明显偏高。另外氚含量与钻孔出水量有一定的相关关系，在埋深基本相同的情况下，出水量最大的1号水文孔水样，氚含量最高，出水量最小的2号水文孔水样，氚含量最低。

表3-10 义安矿放射性稳定同位素氚检测结果

序号	取样地点	水量/(m³·h⁻¹)	见水标高/埋深/m	氚含量/TU
1	1号水文孔	32	-504/904	0.96
2	2号水文孔	1	-505/895	0.28
3	3号水文孔	12	-510/908	0.78
4	12150轨顺 G_1-3 孔	76	-299/674	2.44

综合分析，煤田浅部，距补给区近，径流距离短，地下水氚含量整体较高；煤田深部，随着径流距离的增加，地下水的氚含量变小，地下水年龄增长，且在缓、滞流区，地下水氚含量更低。距离补给区的远近、径流路径的长短、水力交替的快慢，决定了同一水文地质单元内地下水氚含量的空间差异。

第四章　新安煤田矿井充水
条件时空差异

新安煤田位于新安水文地质单元，由于地表水、地下含水层水、小窑水等区域水文地质条件的时空差异性，造成新安煤田矿井充水条件随着持续开采及其采掘场所变化、在小浪底水库蓄水前后等方面也表现出比较明显的时空差异性。

第一节　新安煤田矿井充水条件时间性差异

一、小浪底水库蓄水前后矿井充水条件差异

小浪底水库蓄水后，在改变区域水文地质条件的同时，也对矿井水文地质条件产生重大的影响，使矿井充水条件发生较大的变化。蓄水前后，地表水、小窑水和含水层水对矿井充水作用差异明显，论述如下：

1. 地表水

正是小浪底水库这一特大型地表水体的存在并淹没了新安煤田的部分区域，才出现水下采煤问题，地表水才成为矿井主要的充水因素之一。

小浪底水库蓄水前，新安煤田仅分布有畛河、石寺河、北冶河等数条季节性河流，没有常性稳定的地表水体。部分小煤矿分布于河床或其两侧，由于不科学进行河下采煤，加之小煤矿采深

较小，地表水可对部分小煤窑产生直接充水作用。而大矿采深较大，开采安全措施严格，地表水对大矿充水作用有限，影响较小。

小浪底水库蓄水后，直接造成新安井田东翼部分小煤矿相继充水被淹，停产报废；同时新安、孟津等矿面临水下采煤问题，地表水成为矿井的主要充水因素之一，若水下开采时安全措施不当，地表水可通过采后导水裂缝带、封闭不良钻孔和民用水井、断裂构造等直接对大矿进行充水，对矿井构成水灾威胁。

2. 小窑水

新安煤田开发历史久远，煤层露头区和浅埋区分布有大量老窑（图4-1）。20世纪八九十年代，新安煤田内的小煤矿曾多达数百个，东部有42个小煤窑井口标高低于+275 m，直接处于淹没区内。小浪底水库蓄水前，浅部小煤窑大部分处于生产状态，积水有限；部分关闭小煤窑，存在少量老窑水性质的积水，以静储量为主，存在疏放的可能。

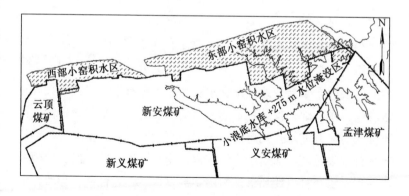

图4-1　新安煤田浅部主要小煤窑积水区分布图

小浪底水库蓄水后，东部小窑水得到水库水的充分补给，不存在疏放可能，而且一旦向大矿采掘空间突水，对大矿构成严重的水灾威胁，难以治理。另外，小窑水可通过防水煤（岩）柱向大矿侧向充水（图4-2），增加大矿矿井涌水量。

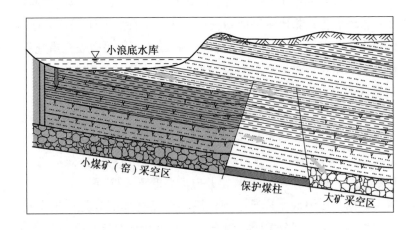

图4-2　小窑水侧向渗入矿井示意图

3. 含水层水

小浪底水库蓄水前，矿井主要充水含水层为二₁煤层顶板砂岩裂隙含水层（主要为大占砂岩和香炭砂岩）和太原组灰（砂）岩岩溶裂隙含水层。这两个含水层地表出露有限，以接受大气降水补给为主，缺乏持续稳定的补给量，加之裂隙不发育，富水性不强，对矿井充水作用有限；小浪底水库蓄水后，上述含水层虽有部分地表出露区域位于淹没区内，受到水库水的补给，但因补给面积有限，径流距离远，裂隙不甚发育、连通性差，导致径流不畅，对矿井充水作用增加有限。

小浪底水库蓄水后，随着岩溶地下水排泄端水位抬升，虽然区域水文地质条件没有发生根本变化，但蓄水到+275 m之后，煤田东北部区域，煤层底板承受水压上升最大近0.5 MPa，突水系数增加最大近 0.01 MPa/m；新安煤矿 19 区可能增加水压 0.15 MPa，突水系数增加最大 0.003 MPa/m，局部区域突水危险性增加。

二、小浪底水库蓄水前后期矿井充水条件差异

随着小浪底水库蓄水，畛河支流淹没区将逐渐形成稳定的具有良好隔水层性能的黏土类淤积层，能够隔断或减弱地表水对地下含水层的补给，防止或减弱含水层对矿井的充水作用，利于淹没区开展水下采煤工作。随着小浪底持续蓄水，在风化、沉积等作用下，风积物在露头区堆积，不利于地表水对地下水的补给。

三、矿井充水条件季节性差异

大气降水和小浪底水库水通过补给地下含水层、向小窑采空区充水等途径影响新安煤田矿井充水条件，是矿井充水的最终来源。正是大气降水的季节性差异和水库水位周期性变化，使得新安煤田矿井充水条件存在较明显的季节性差异。

1. 地表水

随着水库水位的周期性变化，新安煤田的新安、孟津、义安 3 个井田的淹没面积呈现明显的季节性变化（表 4 - 1）。其中，淹没面积最大的新安煤矿，在库水位相对较低的 6 ~ 9 月中，水位 217 ~ 250 m，井田淹没面积 1.8 ~ 7.2 km²；在库水位相对较高的 10 ~ 5 月中，水位 234 ~ 270 m，井田淹没面积 4.3 ~ 11.5 km²。在小浪底水库设计最高 + 275 m 水位对应的新安井田 12.5 km² 的淹没面积之中，季节性非淹没区面积最多可达 10 km² 以上。正是这些大面积的季节性非淹没区的存在，为区域内的试采、观测、对比等工作创造了良好的条件，利于后期开展水下采煤工作。

表4-1 小浪底水库不同水位时新安煤田3个井田淹没面积

井田名称	小浪底水库不同水位时井田淹没面积/km²										
	+275 m	+270 m	+265 m	+260 m	+255 m	+250 m	+245 m	+240 m	+235 m	+230 m	+220 m
新安	12.5	11.5	10.1	9.2	8.2	7.2	5.9	5.3	4.5	3.4	2.4
孟津	3.5	3.4	3.1	2.8	2.5	2.3	1.9	1.8	1.6	1.3	1.0
义安	0.1	0.05	0.02	0	0	0	0	0	0	0	0
合计	16.1	15.0	13.2	12.1	10.7	9.5	7.8	7.1	6.1	4.7	3.4

2. 奥灰水

以大气降水为主要补给水源的奥灰含水层水位具有明显的季节性差异（图4-3），其水位变化直接影响着二$_1$煤层底板承受的奥灰水压。奥灰水位在较高的10~3月比较低的4~9月最大高约50 m，对应二$_1$煤层底板承受的奥灰水压相差0.5 MPa，奥灰含水层突水系数增加，突水危险性增大。近年来，新安煤田几起矿井奥灰突水事故多集中在10~3月，如新安煤矿的12161工作面和13151工作面两起突水事故分别发生在11月和1月，可能与奥灰含水层处于高水位期二$_1$煤层底板承受的水压升高有一定的关系。

3. 小窑水

新安井田东翼小煤窑采空区积水由于与地表水连为一体，水力联系密切，其水位存在明显的季节性变化。水库处于低水位期时，小煤窑积水水位也相应降低。水库处于高水位时，小煤窑积水水位随之升高，煤柱防水闸墙等承受的水压增大，水压最大增加0.5 MPa，浅部小煤窑采空区积水对大矿的威胁相应增加。正是这个原因，近几年来，每当小浪底水库水位高于历史最高水位时，新安煤矿主动停止东翼生产，接受并监测小窑水（水库）高水位运行对矿井安全的考验和影响。

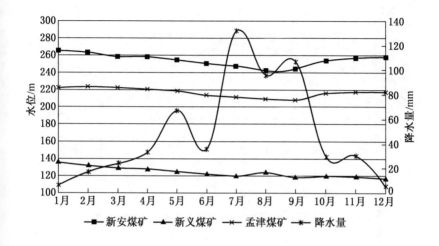

图4-3 新安煤田矿井奥灰月均水位和月均降水量变化关系曲线图

4. 矿井涌水量

大气降水的季节性差异和小浪底水库水位的同期性变化，对新安煤田浅部资源整合矿井的充水条件影响较大，其涌水量变化呈现明显的季节性差异，如恒祥、五星、宏升等整合矿井，在小浪底水库高水位运行或雨季，矿井涌水量增加显著（图4-4），宏升煤矿矿坑进水淹没而无法生产；新安、新义、义安、孟津等深部大矿因矿井现有采掘区域采深较大、尚未开展水下采煤、与煤田浅部小煤窑间有充足防隔水煤柱等原因，矿井涌水量虽有季节性差异但不明显（图4-5）。

四、开采引起的矿井充水条件的变化

在矿井（采区）的首采工作面，顶板砂岩水与底板太灰水处于或接近原始状态，开采初期其充水强度一般较大，是防治顶

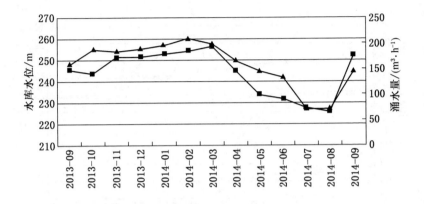

图4-4 恒祥煤业矿井涌水量与小浪底水库水位变化关系图

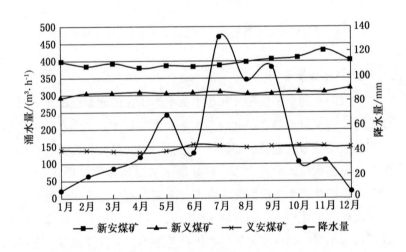

图4-5 新安煤田矿井月均涌水量和月均降水量变化曲线图

板水与太灰水的重点；随着采后顶板水与太灰水的疏泄及其储量消耗，相邻工作面开采时，顶板砂岩水与底板太灰水充水强度趋于减弱。

随着开采过程中的人工取水、奥灰水探查与治理过程中自然疏水等，奥灰水在各开采区域内已形成程度不同的降落漏斗（图3－6），奥灰水位局部明显降低，底板隔水层承受水压大幅度减小，奥灰突水趋于减弱。

第二节　新安煤田矿井充水条件空间性差异

受开采深度、顶板水富水条带、奥灰水径流条带、奥灰水压、石寺镇和新安煤矿工业广场保护煤柱、小浪底水库等因素的影响，新安煤田矿井充水条件在空间上存在明显差异，主要表现在浅部与深部、东部与西部矿井充水条件的差异。大气降水、顶板水、底板水和不同煤层小窑水在浅部与深部对矿井充水有明显差异，二$_1$煤小窑水和水库水在煤田东部与西部对矿井充水的作用也存在明显不同。

一、浅部与深部矿井充水条件差异

由于受导水裂缝带能否波及地表或第四系松散含水层、底板承受奥灰水压随煤层埋深持续增加、不同类型小窑水等因素的影响，新安煤田浅部与深部水文地质存在明显差异，主要包括以下几个方面：

1. 大气降水

大气降水对整合的浅部小煤矿充水作用明显。大矿多位于深部开采，大气降水对矿井充水作用较弱。

矿井在煤田浅部开采时，采后导水裂隙能够沟通地表，直接受大气降水补给；或波及第四系松散含水层，间接得到大气降水补给。因此，义煤公司所整合浅部小煤矿的矿井涌水量呈现非常明显的季节性变化。而大矿采深较大，采后导水裂隙逐渐远离地表及第四系松散含水层，大气降水对大矿的充水作用较弱，大矿的矿井涌水量没有明显的季节性变化特征（图 4 - 6）。

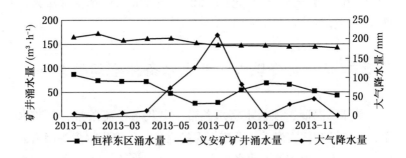

图 4 - 6　浅部与深部矿井涌水量变化曲线图

2. 顶板水

在浅部，顶板水对矿井充水作用较强，随采深增加顶板水充水作用趋于减弱。

顶板砂岩含水层主要有大占砂岩、香炭砂岩和砂锅窑砂岩等，厚度约 40 m，其间有泥岩或砂质泥岩阻隔，富水性一般较弱，以静储量为主，在煤层开采过程中直接向矿井充水，是矿井直接充水含水层。

在露头区，顶板砂岩含水层水接受大气降水、地表水、潜水等的侧向补给，故在浅部开采时，顶板砂岩含水层对矿井的充水作用较强；但到深部开采时，顶板砂岩含水层远离补给区，径流路线长且不畅，并且受浅部采后导水裂隙截流的影响，以静储量为主，对矿井的充水作用减弱。

3. 底板水

奥陶系灰岩含水层在浅部径流条件相对较好，向深部转为滞流区。煤层底板隔水层由浅部较薄，深部有所增加，浅部新安、云顶井田隔水层厚度平均 53 m，而在深部新义、义安、孟津为 58~59 m；煤层底板承受的水压由浅部向深部逐渐升高（图 4 - 7），突水系数由小到大，从 0.02 MPa/m 逐渐增加到 0.14 MPa/m（图 4 - 8），由安全带压开采转向不安全带压开采。随着采深增加，奥灰突水风险随之增加。

4. 小窑水

新安煤田浅部曾存在大量小煤窑，以开采二$_1$煤为主，与大矿开采同一煤层。小煤矿除开采二$_1$煤外，小部分开采七$_2$煤，而七$_2$煤采空区除在煤田浅部分布外，在深部也有分布。

煤田浅部二$_1$煤小煤窑，多达数千个（图 4 - 9），大矿在煤田浅部采掘活动时，小窑水对大矿构成严重的安全威胁。随着开采向深部延伸，采掘区域远离二$_1$煤小窑采空区，二煤组小窑水威胁逐渐减弱，但存在七$_2$煤采空区下采煤问题。七$_2$煤组采空区分布于新安矿深部、义安矿、孟津矿部分区域。

二、东部与西部充水条件差异

新安煤矿工业广场和石寺镇保护煤柱的存在，分隔阻断了新安煤田东、西部小煤窑采空区积水的水力联系，加之小浪底水库淹没区位于煤田东部，使新安煤田东、西部水文地质条件差异明显，主要表现在：

新安井田东部，即工业广场和石寺镇保护煤柱以东区域（图 4 - 10），因小浪底水库最大近 49.5 km^2 淹没面积的存在，在淹没及其附近存在水体下采煤问题。此区域内，有 42 个小煤窑井口直接位于小浪底水库淹没区内，这些小煤窑采掘空间被地表水充入并与水库水连为一体，形成了积水量达数千万立方米的地下含水体，并能得到水库水的充分补给，难以利用疏排的方法进行治理，对大矿构成水灾威胁。

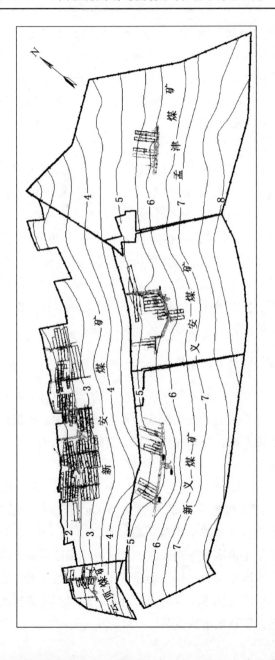

图 4－7　底板奥灰水压等线图

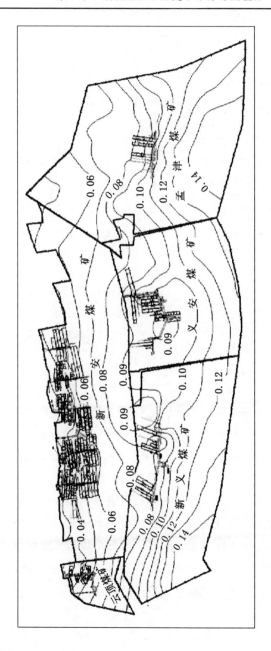

图 4－8　底板突水系数等值线图

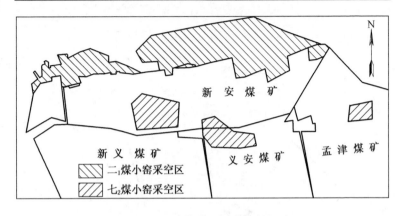

图4-9 小窑采空区分布范围图

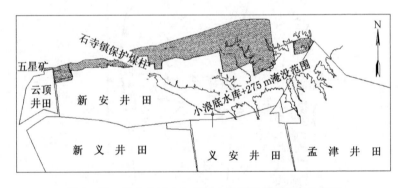

图4-10 新安井田东、西部小煤窑积水区分布示意图

新安井田西部，即工业广场和石寺镇保护煤柱以西区域，地表仅分布有数条季节性河流，远离小浪底水库淹没区，没有常年地表水体，不存在水体下采煤问题。西部小煤窑采空区虽受大气降水和季节性河流的充水作用，但不受小浪底水库的充水作用，由于补给不足，西部小窑水存在疏排的可能。

第五章　防治水对策研究

第一节　制定防治水对策的原则

一、基本原则

新安煤田区域水文地质条件与矿井充水条件存在比较明显的时间性和空间性差异，正是水文地质条件的时空差异决定了其矿井防治水对策的不同，但不同的防治水对策仍需要遵循一些基本原则。在制定新安煤田防治水对策时，遵循以下基本原则：

（1）安全至上。制定的防治水对策应同时符合"安全上可靠、技术上可行、经济上合理"的要求，但必须首先安全可靠，坚持安全至上的原则。矿井遵循所制定的防治水对策开展工作后，能够避免水灾事故发生。

（2）工程优先。工程措施优先于管理措施，采用工程措施能够防治水害的则优先使用工程措施；采用工程措施能够有效降低水害风险的则以工程措施为主，辅以管理措施。

（3）注重当前，兼顾长远。制定的防治水对策主要用来指导新安煤田各矿井防治水工作，同时对深部五头勘探区和东部的狂口预测区、煤窑预测区等相邻区域将来可能建设煤矿的防治水工作也有指导、借鉴或启示意义。

（4）绿色理念。制定的防治水对策应最大限度地保护生态、保护地下水资源，避免环境破坏、地下水污染等，能够节约资金，降低能耗，有利于当地的长远、可持续发展。

二、差异化原则

新安煤田区域水文地质条件和矿井充水条件存在明显的时间性与空间性差异，主要表现为区域水文地质与矿井水文地质在开采之前与之后，小浪底水库蓄水之前与之后、前期与后期以及季节性的明显差异等；还表现在煤田的浅部与深部、东部与西部、不同含水层之间、同一含水层的不同区段也存在明显的水文地质差异等。正是由于新安煤田水文地质的时空差异，要求制定的防治水对策不能一成不变，在充分满足安全要求的前提下，应该具有针对性、适用性、合理性，也应该随着技术进步和条件改变而适时调整，这就是防治水对策的差异性。

防治水对策的差异化，要求制定的防治水对策在确保安全的前提下，也要同时满足技术可行、经济合理的要求，与现有的技术水平和经济条件相适应，有更好的针对性和适用性，也就是同一新安煤田同一种水害也不一定执行同一的防治水对策，需要"一矿一策"，甚至"一矿多策、一水多策"。

三、其他原则

在制定新安煤田矿井防治水对策时，除了遵循安全至上、工程优先等基本原则与差异化原则的同时，还遵循井上下治理相结合、区域治理与局部措施相结合、长期目标与短期措施相结合的原则，统筹兼顾，做到安全可靠、技术可行、经济合理。

第二节 顶板水防治对策

一、顶板突水机理

新安煤田二$_1$煤以上发育多层砂岩含水层，自下向上为山西组大占砂岩、香炭砂岩、冯家沟砂岩、下石盒子组砂锅窑砂岩、石千峰组平顶山砂岩等，相邻含水层有泥岩或砂质泥岩阻隔。对开采影响的顶板砂岩含水层主要有大占砂岩、香炭砂岩、冯家沟砂岩等，累计厚度约 40 m。砂岩含水层富水性一般较弱，但局部存在富水条带。采动条件下，采空上方覆岩根据破坏程度，自下而上划分为冒落带、裂隙带和弯曲下沉带，其中冒落带和裂隙带合称导水裂缝带，构成顶板水进入采掘空间的通道。当导水裂缝带发育高度大于砂岩含水层与工作面之间的距离时，顶板水就会在重力作用下沿导水裂隙涌入井下采掘空间，引起顶板涌水。以下对顶板"三带"和导裂带高度计算做重点介绍。

1. 顶板"三带"

煤层开采后形成采空区，其上覆岩层失去支撑，原始受力状态发生变化，顶板岩层就会移动、变形，以致垮塌、冒落，形成导水裂隙并向上延伸，再向上岩层发生弯曲，最终自下而上形成顶板"三带"，包括冒落带、裂隙带、弯曲带（图 5-1），其中冒落带和裂隙带具有导水作用。

冒落带：煤层采出后，上覆岩层失去平衡，由直接顶板岩层开始逐层向上冒落，直到开采空间被冒落岩块充满为止。冒落带最高点至回采上界的垂直高称为冒落带高度。冒落带内岩块之间空隙多，连通性好，是水体和泥沙溃入井下的通道，也是瓦斯逸出和聚集的场所。

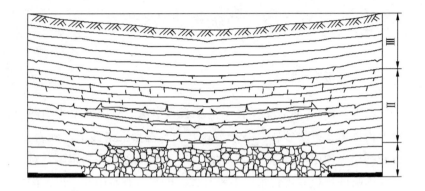

Ⅰ—冒落带；Ⅱ—裂隙带；Ⅲ—弯曲带

图 5 - 1　覆岩破坏分带示意图

裂隙带：煤层顶板岩石自由冒落后，冒落带上方的岩层继续下沉弯曲，当其弯曲超过本身的强度时，便产生离层裂隙或垂直张裂隙。这一过程继续发展，直到上覆岩层整体下沉为止，这部分称为裂隙带。裂隙带导水能力较强，当涉及水体时可将水导入井下，但一般不导沙。一般将冒落带和裂隙带称为冒裂带或导水裂缝带。

弯曲带：弯曲带是指导水裂缝带顶界到地表的那部分岩层。弯曲带基本呈整体移动，故又称整体移动带。其上部很少出现离层裂隙，其下部可能出现离层裂隙，但仅局部充水，不与导水裂缝带连通。

2. 冒裂带高度计算

现行的导水裂缝带高度计算公式主要源自《三下规程》经验公式、《矿井水文地质规程》经验公式、《煤矿防治水手册》经验公式。《三下规程》经验公式（表 5 - 1）主要适用于薄煤层开采和厚煤层分层开采（单层开采厚度不大于 3 m，累计开采厚度不超过 15 m），而现在多采用一次采全高放顶煤回采工艺；《矿井水文地质规程》经验公式（表 5 - 2）适用范围较广，但在煤厚较大时，计算结果偏大；《煤矿防治水手册》中的导水裂缝带计算公式（5 - 3）适用的采放高度为 3.5 ~ 12 m。另外，新安矿与中国矿业大学合作提出了在采高 3 ~ 9 m 条件下的导水裂缝带高度经验公式 $H_f = 176.36 \ (1 - e^{-0.11278 \sum M})$。《矿井水文地质规程》、《煤矿防治水手册》、新安煤田经验公式比较时，在采厚 3 ~ 6 m 时三个经验公式计算结果基本一致，但当煤厚大于 6 m 时，由于新安煤田经验公式、《煤矿防治水手册》经验公式具较明显的收敛性，其计算结果较《矿井水文地质规程》经验公式小（表 5 - 3）。因此，综合分析，从安全角度考虑，本次采用《矿井水文地质规程》经验公式对导水裂缝带高度进行计算。

表 5 - 1 《三下规程》厚煤层分层开采的导水
裂缝带高度计算公式 m

岩 性	计算公式之一	计算公式之二
坚硬	$H_f = \dfrac{100 \sum m}{1.2 \sum m + 2.0} \pm 8.9$	$H_f = 30 \sqrt{\sum m} + 10$
中硬	$H_f = \dfrac{100 \sum m}{1.6 \sum m + 3.6} \pm 5.6$	$H_f = 20 \sqrt{\sum m} + 10$
软弱	$H_f = \dfrac{100 \sum m}{3.1 \sum m + 5.0} \pm 4.0$	$H_f = 10 \sqrt{\sum m} + 10$
极软弱	$H_f = \dfrac{100 \sum m}{5.0 \sum m + 8.0} \pm 3.0$	

注：$\sum m$——累计开采厚度，m；适用范围：单层采厚 1 ~ 3 m，累计采厚不超过 15 m。

表5-2 《矿井水文地质规程》导水裂缝带最大高度的经验计算公式

煤层倾角/ (°)	岩石抗压强度/ (kg·cm^{-2})	岩 石 名 称	导水裂缝带（包括冒落 带）最大发育高度/m
0~54	400~600	辉绿岩、石灰岩、硅质石英岩、砾岩、砂砾岩、砂质页岩等	$H_f = \dfrac{100M}{2.4n+2.1} + 11.2$
	200~400	砂质页岩、泥质砂岩、页岩等	$H_f = \dfrac{100M}{3.3n+3.8} + 5.1$
	<200	风化岩石、页岩、泥质砂岩、黏土岩、第四系和第三系松散层等	$H_f = \dfrac{100M}{5.1n+5.2} + 5.1$
55~85	400~600	辉绿岩、石灰岩、硅质石英岩、砾岩、砂砾岩、砂质页岩等	$H_f = \dfrac{100mh}{4.1h+133} + 8.4$
	<400	砂质页岩、泥质砂岩、页岩、黏土岩、风化岩石、第三系和第四系松散层等	$H_f = \dfrac{100mh}{7.5h+293} + 7.3$

注：1. M—累计采厚，m；n—煤分层层数；h—采煤工作面小阶段垂高，m。

    2. 导水裂缝带最大高度，对于缓倾斜和倾斜煤层，指从煤层顶面算起的法向高度；对于急倾斜煤层，指从开采上限算起的垂向高度。

    3. 岩石抗压强度为饱和单轴极限强度。

表5-3 《煤矿防治水手册》综放开采导水裂缝带高度计算公式

岩 性	计 算 公 式
中硬	$H_f = \dfrac{100M}{0.26M+6.88} \pm 11.49$
软弱	$H_f = \dfrac{100M}{-0.33M+10.81} \pm 6.99$

注：M—采高，适用范围3.5~12 m。

    新安煤田二$_1$煤顶板主要为砂泥岩互层（图5-3），硬岩比例约为50%，综合划分为中硬岩，因此选用《矿井水文地质规

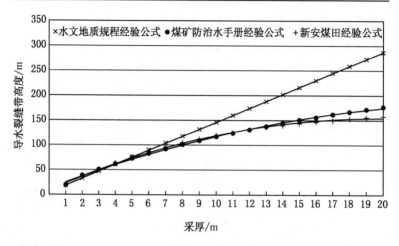

图 5 - 2 三经验公式计算导水裂缝带对比图

程》中的中硬岩经验公式计算导水裂缝带发育高度。

导水裂缝带高度计算，首先统计煤厚资料，经公式计算，求得各煤厚点的导裂高度，最后利用 Surfer 生成等值线图。据统计，新安煤田煤厚 0 ~ 18.88 m，平均 3.7 m，煤厚等值图显示，大于 10 m 煤厚区范围较小，主要分布于新安矿中部和西北部、新义矿东北部、义安矿 14 采区部分区域（图 5 - 4），储量约3200 万 t。根据顶板导裂高度等值线图（图 5 - 5），新安煤田采后导裂高度变化较大，范围 0 ~ 264 m，一般 40 ~ 80 m，平均57 m，可沟通大占砂岩和香炭砂岩两层含水层。导裂高度大于80 m（煤厚大于 6 m）的区域，可能沟通砂锅窑及其以上砂岩含水层（图 5 - 4）。

由于各含水层距二$_1$煤间距不同（表 5 - 4），根据导水裂缝带发育高度计算结果，当平均煤厚 4 m 时，导裂高度达 60 m，揭穿山西组各砂岩含水层；当平均煤厚 6 m 时，导裂高度为 90 m，基本发育到下石盒子底部砂锅窑砂岩含水层。当最大煤厚 18.88 m

系	统	组	代号	厚度/m 最小~最大 / 平均	标志层	柱状	主要岩性	水文地质特征
第四系			Q	0~83.6		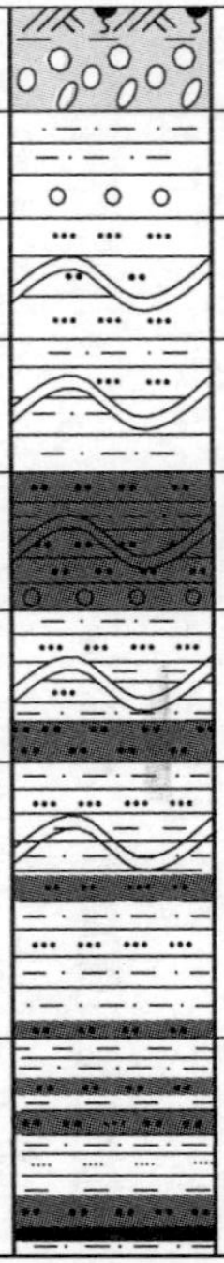	河床砾石及表土层组成	主要赋存河谷内的孔隙潜水，富水性中等
新近系			N	0~50			砂岩、砂质黏土及泥灰岩组成	
三叠系	下统	刘家沟组	T_{1l}	0~150	S_j		细粒砂岩，局部中粒，俗称金斗山砂岩	
二叠系	上统	石千峰组	P_{2sh}^2	0~280			以砂质泥岩为主，局部夹细粒石英砂岩	平顶山砂岩裂隙承压水，富水性弱至中等
		上石盒子组	P_{2sh}^1	43~100	S_p		中、粗粒长石石英砂岩，底部含泥质包体及石英岩砾	
			P_{2s}	160~220 190	S_t		砂质泥岩及中细粒砂岩，底部中粗粒砂岩砾	
	下统	下石盒子组	P_{1x}	200~283 240	S_s		中细粒砂岩，砂质泥岩或泥岩夹薄煤层，底部中粗粒砂岩，含细粒砾	砂锅窑砂岩裂隙承压水，裂隙不甚发育，富水性相对较弱，水质多为HCO_3-Na型
		山西组	P_{1s}	56~136 78	S_f S_x S_d		石英砂岩，粉砂岩，泥岩、砂质泥岩及主要可采煤层二$_1$煤	香炭砂岩，大占砂岩，冯家沟裂隙承压水，二$_1$煤层顶板直接充水含水层，富水性弱，水质多为HCO_3-Na型

图 5-3　新安煤田二$_1$煤顶板水文地质综合柱状图

时,导裂高度达271 m,未揭穿下石盒子组上部含水层,充水含水
层仍以大占砂岩、香炭砂岩、砂锅窑砂岩为主(图5-6)。

表5-4　新安煤田二₁煤、各主要砂岩含水层厚度及间距表

厚度/m ＼ 二₁煤及砂岩间距 ＼ 二₁煤及砂岩	二₁煤	大占砂岩	香炭砂岩	冯家沟砂岩	砂锅窑砂岩	平顶山砂岩
3.8	二₁煤					
15	大占砂岩	1				
14	香炭砂岩	33	17			
6	冯家沟砂岩	41	35	4		
7	砂锅窑砂岩	72	56	25	15	
67	平顶山砂岩	520	504	473	463	441

二、顶板水水害特征及影响

1. 顶板水害特征

1) 出水形式

掘进和回采工作面由于对顶板的破坏程度不同,出水形式也
明显不同。掘进工作面对顶板破坏扰动影响较小,当揭露或影响
到砂岩含水层时,顶板水主要以滴、淋形式进入巷道,水量较
小,对巷道掘进影响不大;回采工作面突水初期表现为切眼顶板
淋水,在大顶来压、老顶垮落后,水量逐渐增大,出水点多集中
在工作面两端地段。后期随着工作面的推进,涌水多从采空区侧
流出,顶板仍有淋水,但比例较小。

2) 水温

由于受埋深、水动力条件、岩石性质等因素的影响,顶板水
水温与其他含水层水温有明显的区别,新安矿、云顶矿顶板主要

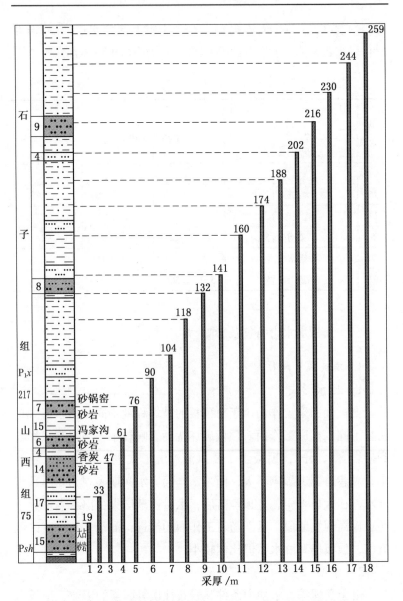

图 5-6　开采厚度、导水裂缝带高度与顶板砂岩含水层关系图

砂岩含水层水温 16～19 ℃，明显低于奥灰水温（18～21 ℃）。孟津矿顶板砂岩水水温 27～31 ℃，而奥灰水温达 33～38 ℃。

3）水质

由于顶板砂岩中含有大量钾长石和钠长石矿物，其溶解后生成大量的钠、钾离子，新安煤田各矿顶板水 Na^+、K^+ 含量一般大于 80%，水质类型多为 HCO_3—Na 型。而底板奥灰水水质类型为 HCO_3—$Ca·Mg$ 型，顶板砂岩水和底板灰岩水存在明显的区别（表 5–5）。

表 5–5　新安煤田主要矿井顶板水水质分析表

采样地点	采样时间	毫克当量百分数/%							水质类型
		Na^+	Ca^{2+}	Mg^{2+}	Cl^-	SO_4^{2-}	HCO_3^-	CO_3^{2-}	
新安 16 区皮带上山	2015–02	98.3	1.7	0	7.4	13.6	79.0	0	HCO_3—Na
新义 11020 工作面	2015–04	82.1	8.2	9.7	4.3	0	85.9	9.9	HCO_3—Na
义安 11060 工作面	2014–07	96.0	4.0	0.00	5.0	19.2	75.8	0.0	HCO_3—Na
孟津 12011 顶板钻孔	2014–10	91.4	6.2	2.4	17.9	5.8	74.4	1.9	HCO_3—Na

4）水量变化

顶板砂岩水整体富水性较弱，以静储量为主，补给相对不足，多数工作面顶板水量达到最大值后逐渐减小，往往衰减较快。

2. 顶板水害影响

顶板涌水在大部分区段显现较弱，水量较小，不对矿井安全构成威胁，但会对采掘造成影响。顶板水害主要表现在：①新安煤田二₁煤煤体松软，顶板突水后，易形成煤泥水，恶化作业环境，降低工作效率；②水煤流减速后，易造成水沟和水仓的淤积，致使有效容积不足，需耗费大量人力清淤；③含煤等杂质的水中煤泥含量过高，易对水泵造成损坏。

三、工作面顶板砂岩水涌水量预算

涌水量预测是矿井水文地质分析的主要内容，也是制定疏干措施、确定排水设备能力的主要依据。矿井根据涌水量预测可采取相应的措施，超前防范，确保工作面安全生产。

工作面排水时，在矿井周围就会形成以采空区为中心的具有一定形状的降落漏斗，这与钻孔抽水时在钻孔周围形成的降落漏斗情况相似，因此可以将采空区分布范围假设为一个理想的"大井"，这个"大井"的面积与采空区面积相当，因此可以利用"大井法"对工作面顶板涌水量进行预测。

本次涌水量预算采用"大井法"承压转无压公式，针对新安煤田一个常规工作面（工作面长 $l = 1000$ m、宽 $b = 130$ m），计算顶板砂岩含水层疏干至煤层底板时的工作面涌水量，公式如下：

$$Q = 1.366K \frac{(2H - M)M - h_0^2}{\lg R_0 - \lg r_0} \qquad (5-1)$$

$$R_0 = R + r_0 = 2S(HK)^{0.5} + r_0$$

其中　　Q——预测涌水量，m^3/h；

　　　　K——渗透系数，m/d；

　　　　H——含水层水头高度，m；

　　　　h_0——疏水后含水层水头高度，m；

　　　　M——承压含水层厚度，m；

　　　　R_0——引用影响半径，m；

　　　　S——水位降深，m；

　　　　r_0——大井半径，m。

在不同的煤厚条件下，导水裂缝带波及的顶板砂岩含水层层数不同，涌水量存在较大差异；深部和浅部由于顶板含水层水头高度不同，涌水量也存在明显差异。因此，预算在不同煤厚不同标高条件下的工作面涌水量，计算过程与结果如下：

（1）当煤厚为 3 m 时，导裂带裂隙发育至山西组顶部，沟通大占砂岩、香炭砂岩，平均厚度累计 30 m，则 $M = 30$ m，各主要含水层渗透系数见表 5 - 6。

表 5 - 6 顶板主要含水层渗透系数

渗透系数	山 西 组	石盒子组	平顶山砂岩	第 四 系
$K/(\text{m} \cdot \text{d}^{-1})$	0.0005 ~ 0.22	0.012 ~ 0.06	0.14 ~ 3.48	0.29 ~ 58.09

$$r_0 = \eta(l + b)/4$$

式中　l——工作面长，取 1000 m；

　　　b——工作面宽，取 130 m；

　　　y——系数，取 1，则 $r_0 = 282$ m。

山西组渗透系数 K 取最大值 0.22 m/d；

砂岩水水位取 200 m，在新安煤田浅部开采时，开采标高为 $+100$ m、0、-100 m、-200 m、-300 m、-400 m，则：

$S = 100$ m、200 m、300 m、400 m、500 m、600 m；

$R_0 = R + r_0 = 2S(HK)^{0.5} + r_0 = 1220$ m、2935 m、5156 m、7786 m、10770 m、14068 m；

$h_0 = 0$；

$Q = 1.366 \times 0.22 \times (2H - 30) \times 30/24 \times (\lg R_0 - 2.45)$。

计算结果见表 5 - 7。

表 5 - 7 采厚 3 m 时不同开采标高条件下工作面顶板涌水量

开采标高/m	$+100$	0	-100	-200	-300	-400
$Q/(\text{m}^3 \cdot \text{h}^{-1})$	100	136	170	200	230	258

（2）当煤厚为 4 m 时，导裂带裂隙发育至山西组顶部，沟通大占砂岩、香炭砂岩和冯家沟砂岩，平均厚度累计 35 m，计算涌水量见表 5 - 8。

表 5 - 8　采厚 4 m 时不同开采标高条件下顶板涌水量

开采标高/m	+ 100	0	- 100	- 200	- 300	- 400
$Q/(m^3 \cdot h^{-1})$	113	157	197	233	270	303

（3）当煤厚为 6 m 时，导裂带裂隙发育至砂锅窑砂岩，沟通大占砂岩、香炭砂岩和冯家沟砂岩、砂锅窑砂岩，平均厚度累计 43 m。因导裂带波及山西组和石盒子组两个含水层，而两个含水层的渗透系数 K_1、K_2 不同，因此需用下列公式计算两个含水层等效渗透系数 K：

$$K = \frac{\sum K_i M_i}{\sum M_i} \tag{5-2}$$

$M_1 = 35$ m，$K_1 = 0.22$ m/d，$M_2 = 8$ m，$K_2 = 0.06$ m/d，则 $K = 0.19$；

$S = 100$ m、200 m、300 m、400 m、500 m、600 m；

$R_0 = R + r_0 = 2S(HK)^{0.5} + r_0 = 1153$ m、2747 m、4811 m、7256 m、10028 m、13094 m；

涌水量 $Q = 1.366 \times 0.19 \times (2H - 43) \times 43/24 \times (\lg R_0 - 2.45)$。

计算结果见表 5 - 9。

表 5 - 9　采厚 6 m 时不同开采标高条件下顶板涌水量

开采标高/m	+ 100	0	- 100	- 200	- 300	- 400
$Q/(m^3 \cdot h^{-1})$	120	167	210	249	287	317

本次涌水量预算结果适用于相对独立块段且顶板相对富水的初采工作面，为初次揭露时瞬间最大涌水量；由于顶板砂岩水以静储量为主，涌水量达到峰值后将逐渐变小，因此，在第一个工作面开采后，由于边界条件发生变化，第二个工作面开采后涌水量将相应减小。

四、主要防治对策—"排"

顶板砂岩水对掘进工作面影响很小，其影响与危害主要在采煤工作面。由于顶板砂岩含水层富水性一般较弱，涌水量较小，对矿井安全不构成威胁，且超前疏放难度较大，效果往往不佳。因此，顶板水的防治对策应以"排"为主，即完善排水系统，将顶板涌水顺利排出，必要时辅以超前疏排顶板水措施，降低回采过程中顶板涌水强度。

在走向工作面，下巷应尽可能连续正坡度掘进，为实现自然疏水创造条件；在下巷适当位置挖掘环形水仓或卧底式水仓等，配备与预计最大涌水量相匹配的排水管路与水泵，形成完善的排水系统。俯采工作面，应挖掘专用排水沟并进行护砌或安装水槽，为顺利疏水创造条件。仰采工作面，在工作面合适位置开挖水仓或泵坑，配足排水设备，确保涌水顺利排出。

五、顶板水害防治工作路线

顶板水防治，首先利用物探和钻探相结合的手段分析顶板富水区，针对富水区段可尝试利用钻探手段超前疏放顶板水，同时完善排水系统，并做到超前预报，最终达到防治顶板砂岩水的目的。顶板水防治工作路线如图 5 - 7 所示。

1. 顶板砂岩含水层富水性探查

利用地面瞬变电磁，对顶板各主要砂岩含水层富水性进行探

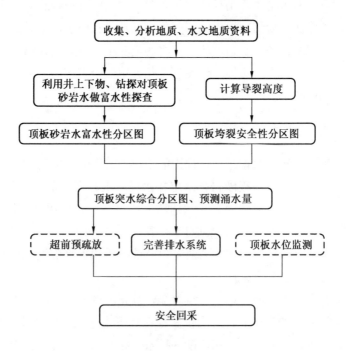

图 5-7　顶板水防治工作路线图

查，利用三维地震探查地质构造发育情况；根据钻探资料，分析主要漏水层段，结合物探资料，确定顶板砂岩富水区域。

2. 顶板砂岩水水位监测

在井下或地面合适的位置凿打一定数量水文孔，建立针对顶板不同砂岩含水层水位观测系统，掌握其动态变化规律。

3. 预测预报

利用"三图双预测法"，做出顶板充水含水层富水性分区图、顶板垮裂安全性分区图和顶板涌（突）水条件综合分区图，并预测涌水量。

4. 超前疏放顶板水

对回采时的顶板富水区域，可采用钻探方法验证并预疏放顶板水，降低回采过程中的涌水强度。

5. 完善排水系统

巷道掘进过程中尽可能实现连续正坡度掘进，挖掘专用排水沟并进行护砌或安装水槽，为实现自然疏水创造条件。对工作面涌水量进行预测，根据预测结果配备水泵、水管等排水设备，形成足够的抗水灾能力。

第三节　底板岩溶水防治对策

一、底板岩溶水突水机理

煤层底板突水是一种复杂的地质及采动影响现象，受到多种因素的影响和制约，但归结起来，发生突水必须具有水源、水压、导水通道和突水空间。只有这几项条件全部满足时，才可能发生突水。

1. 突水水源

新安煤田奥灰系和寒武系灰岩岩溶裂隙承压含水水力联系密切（合称奥灰水），出露面积108 km²，总厚度超过500 m，能够得到较充分的大气降水补给，小浪底蓄水后还受到地表水的间歇性补给，单位涌水量 $q = 0.00061 \sim 4.03$ L/(s·m)，总体为强富水性含水层，含水层静储量和动储量丰富，为奥灰突水提供了水源基础。

2. 水压

奥灰水压是底板突水的动力条件。新安煤田现开采区域煤层底板承受的奥灰水压浅部新安矿、云顶矿 $1.2 \sim 3.2$ MPa，深部新义、义安和孟津矿均在 4 MPa 以上（图 5 - 8）。5 对矿井现在大部分采掘区域突水系数接近或超过 0.06 MPa/m，当底板隔水层不完整时，则存在突水风险；煤田深部局部区域已达到0.1 MPa/m，在这些区域即使隔水层完整，只要存在强富水区，就可能发生突水。随采深增加，底板承受水压持续增加，奥灰突水风险加大。

3. 导水通道

导水通道是奥灰突水的另一必要条件，包括断层等自然通道和矿压与水压综合作用形成的通道等。

断层及裂隙是新安煤田主要的构造形式，其存在不仅破坏了二₁底板隔水层的完整性，而且能使底板破坏深度较正常区域明显增加，从而降低了隔水层的阻隔水能力，容易形为导水通道。煤田内出现多次由断层引发奥灰突水的情况，新安矿 12161 工作面发生特大型奥灰突水，其主要原因为突水点附近发育有 3 条小断层（F_1、F_2、F_3），破坏了底板隔水层的完整性。

当底板有效隔水层厚度不足，突水系数大于临界值时，在水压和矿压联合作用下破坏底板隔水层，形成人工裂隙通道，使奥灰水涌入井巷造成突水。另外，在井上下水文地质勘查时，若对进入奥灰含水层的钻孔处理不当，在开采中过程中这些钻孔则可能形成导水通道，造成底板突水。

4. 采掘活动

采掘活动是突水的诱发因素，并提供了突水空间。采掘活动时，引起矿压变化，矿压对煤层底板隔水层直接破坏，影响隔水层的有效厚度。采掘过程中，特别是基本顶初次来压、周期性来压时或停采时，煤壁侧应力集中，底板隔水层易受到剪切破坏，导致突水事故的发生。新安 13151 工作面、孟津矿 11011 工作面奥灰突水均与采掘引起的矿压集中有关。

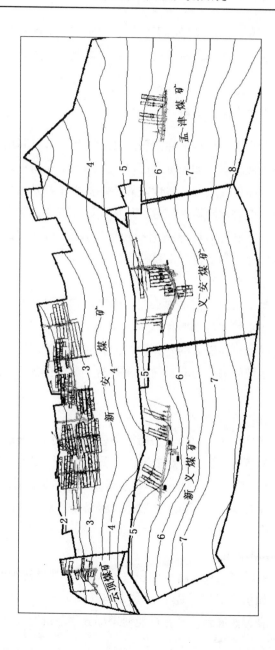

图 5-8　新安煤田煤层当前底板承受水压等值线图

底板岩溶突水机理就是煤层下伏岩溶承压水在水压和矿压的联合作用下，通过自然导水通道或人为导水通道，突然涌入矿井采掘空间。

二、底板岩溶水防治对策

太原组灰砂岩含水层富水性微弱、补给不足，可以利用采后底板破坏裂隙直接疏降，加强排水即可，防治水工作简单。奥灰水在不同区域存在煤层底板完整性差异、承受水压差异、径流条件的不同以及小浪底水库蓄水前后、采掘前后奥灰含水层水文地质特征的差异，需要针对性地制定不同防治对策，如疏水降压、底板注浆改造、截流、留设防水煤柱等。

（一）疏水降压

由于奥灰含水层为强富水含水层，静储量和动储量丰富，从整体来看，奥灰水整体疏降难度较大。但奥灰含水层的富水性、径流条件在空间上存在较大的差异性，部分区域，特别是深部滞流缓流区，与区域外的水力联系微弱，补给不足，存在疏降的可能。

1. 疏水降压可行性分析

疏水降压就是在新安煤田具备疏降条件的区域内，通过疏排奥灰水，由"高压开采""不安全带压开采"逐渐转变为"低压开采""安全带压开采"，甚至"不带压开采"，使部分区域奥灰水不再成为矿井安全问题。以下从技术、经济条件对疏水降压的可行性进行分析。

1）补给相对不足

新安水文地质单元灰岩露头面积仅 $108\ km^2$，地形切割严重，与大水矿区（如焦作矿区，露头面积 $1800\ km^2$）相比，补给量相对不足；小浪底蓄水后，原有排泄通道部分逐渐被泥沙淤积物充填，水库水补给通道不畅。

底板岩溶水的主要补给来源是大气降水的入渗补给，新安水文地质单元西北部、石寺以西出露寒武系和奥陶系地层，大多裸露地表，出露面积约 108 km²。大气降水补给主要集中在 7、8、9 三个月集中补给，约占全年的 60%。

大气降水最大入渗补给量可按下列公式计算：

$$Q_{\max} = F \cdot \alpha \cdot X/8760 \qquad (5-3)$$

式中　$Q_{\max}$——降水最大补给量，m³/h；

　　　F——降雨入渗面积，m²；

　　　α——降水量入渗系数；

　　　X——年降水量，m。

对各指标取值，$F = 108$ km²，$\alpha = 0.3$（经验值），$X = 0.67$ m，经计算，$Q_{\max} = 2478$ m³/h。

新安煤田奥灰水大气降水最大补给量为 2478 m³/h，岩溶水补给量远小于焦作等大水矿区。

2）存在滞流缓流区

新安煤田奥灰溶隙发育极不均匀，各向异性，受构造、补径排条件、古时期侵蚀基准面控制，富水性、径流强弱差别极大，存在强（主）径流带，也存在大面积的弱富水区域。从表 5-10 同位素年龄测定数据中可以看出，随埋深增加，氚含量平均值逐渐减小，地下水年龄变大。奥灰水水循环交替速度新安矿最快，义安、新义矿次之，孟津矿最慢，总体上分析深部三矿处于滞流缓流环境。在煤田深部这些区域岩溶不够发育，与外部水力联系弱，补给不足，径流缓慢，可疏性较好。

开采之前，新安水文地质单元具有统一的补径排条件。随着近年来大规模的疏、取水，在滞流缓流区奥灰水位明显下降。新

表 5 - 10　新安煤田各矿氚含量与地下水年龄估算表

取样地点	平均埋深/m	氚含量平均值/TU	主要来源估算年龄/a
新安矿	516	2.9	<50
新义矿	733	0.9	>60
义安矿	845	1.1	>60
孟津矿	897	0.47	>60

义、义安矿自矿井投产以来,奥灰水位出现了较为明显的下降。新义矿投产前,2009 年奥灰水位 265 m,经矿井排水自然疏降后,至 2015 年曾降至 90 m 以下,水位下降近 200 m。义安矿自 2011 年观测奥灰水位以来,奥灰水位降幅最大超过 100 m,该矿 12150 工作面治理成功后,距出水点 1.5 km 处的水位上升达 30 m,说明在疏水量 300 m³/h 条件下疏降效果是明显的。目前新义、义安两矿均已形成比较明显的降落漏斗,原来统一的地下水系统已经呈现"分裂"趋势(图 5 - 9、图 5 - 10),形成了若干既相互联系又具有明显独立倾向的子系统,表明在滞流缓流区具备疏水降压的良好条件。

3)疏水降压经济性分析

以新义煤矿为例,对疏水降压的经济性进行分析。

(1)假如疏水量:400 m³/h;排水电耗:0.44 kW·h/100 m;电价:0.63 元/kW·h。则年增加排水电费为:

$$C_p = 400 \text{ m}^3/\text{h} \times 24\text{h} \times 365\text{d/a} \times 0.44 \text{ kW} \cdot \text{h/m}^3 \times (700 \text{ m} \div 100 \text{ m}) \times 0.63 \text{ 元/kW} \cdot \text{h} \times 10^{-4} = 680 \text{ 万元/a}。$$

(2)假如年改造 2 个工作面,探注钻孔 10000 m/面,钻孔单价 400 元/m,则仅钻探费合计就达 800 万元。

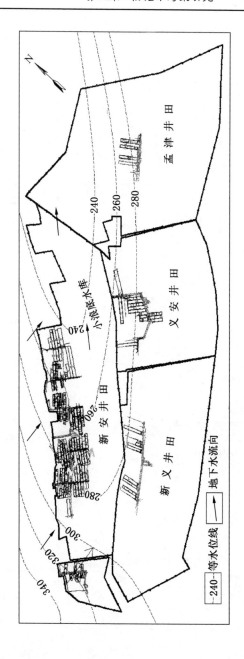

图 5 - 9　新安煤田奥灰地下水流场图

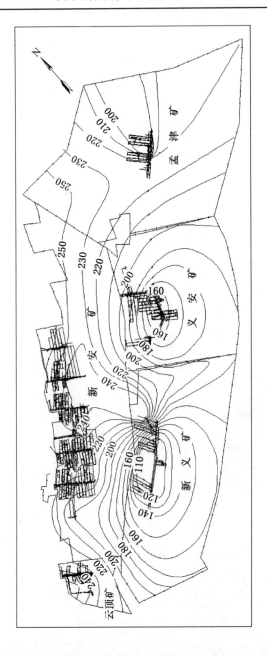

图 5 - 10　新安煤田奥灰地下水系统"分裂"图（2015 年）

再者，随着持续疏水，奥灰水位下降，疏水量也将减少，电费也将随之减少。同时由于奥灰水位降低后，奥灰突水风险降低，可优化底板改造工程，减少打钻的工程量。

4）疏水降压的优势

（1）实现安全带压开采，使奥灰水不再成为安全隐患。

（2）奥灰水脉管状特征，注浆改造难免百密一疏，工作面改造后在高水压条件下仍存在突水危险。

（3）有的区域实施疏水降压，疏水强度并不大，比注浆改造更具经济性。

（4）疏供结合。奥灰水水质优良，可以采用疏供结合，既疏水降压又为矿区提供水源。

2. 疏水降压区域

通过对奥灰补给条件、滞流缓流区、疏水降压经济性等综合分析，新义煤矿现采掘区域的大部分、义安井田的深部、甚至孟津煤矿的部分区域存在疏降的可能性（图 5－11），可大胆尝试采用疏降措施治理奥灰水。在自然条件下难以疏水降压的区段，通过对径流通道注浆（骨料）实施截流形成"人工栓塞"，若区段内外水力联系失去或明显减弱，也可大胆尝试疏水降压措施。

（二）底板注浆改造

新安煤田 5 对矿井现在大部分采掘区域煤层底板承受水压在3.0 MPa 以上，突水系数接近或超过 0.06 MPa／m，局部区域已达到 0.1 MPa／m，属于不安全带压开采区，在不能有效降低水压或虽能疏水降压但短期内奥灰水位难以达到安全水头以下的区域，需对底板隔水层薄弱区域进行注浆改造，使得底板隔水层得到加固或加厚，即对断裂构造进行"缝合"，失去导水作用，从而避免奥灰突水，实现安全带压开采。

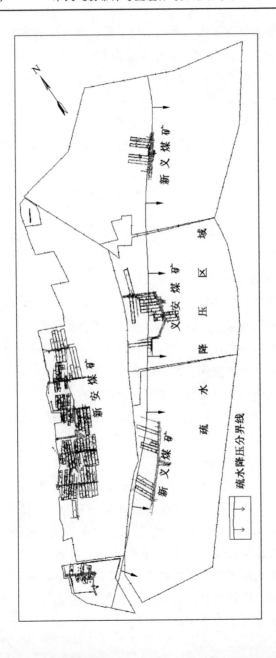

图 5-11　新安煤田疏水降压区域分布图

1. 突水危险性分区

利用突水系数法对底板岩溶水威胁程度进行分区，根据不同的分区结果采取针对性的防治对策。

对全国多个矿区奥灰临界突水系数进行统计，峰峰、邯郸突水系数0.066~0.076 MPa/m、焦作矿区0.06~0.1 MPa/m、淄博矿区0.06~0.14 MPa/m。根据新安煤田奥灰突水的实际情况（表5-11），突水系数0.048~0.116 MPa/m，为确保安全，结合外部临界突水系数资料，将新安煤田临界突水系数定为0.04 MPa/m。将0.04 MPa/m、0.08 MPa/m作为两个阀值点，将奥灰突水危险性划分为安全区、突水风险区和突水区三级（图5-12）。安全区突水系数小于0.04 MPa/m，是指正常条件下不会发生奥灰突水；突水风险区突水系数0.04~0.08 MPa/m，指底板受构造破坏的情况下可能发生奥灰突水；突水区突水系数大于0.08 MPa/m，指即使隔水层完整，只要采掘活动穿过富水区或径流条带时，就可能发生奥灰突水。安全区主要包括新安矿、云顶矿一水平上山区域，突水风险区主要包括新安矿、云顶矿深部及新义、孟津矿浅部区域，突水区主要包括深部三对矿井大部分区域。

表5-11　新安煤田突水系数统计表

矿　名	突水时间	最大突水量/ (m³·h⁻¹)	水位/ m	水压/ MPa	隔水层厚度/ m	突水系数/ (MPa·m⁻¹)
新安矿	1995-11-05	4260	265	2.8	52	0.054
渠里矿	2008-08-18	1520	280	2.5	52	0.048
新安矿	2012-01-16	700	235	2.6	52	0.05
孟津矿	2013-04-16	1970	230	5.7	49	0.116

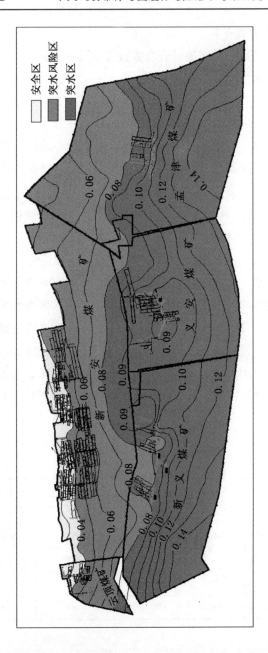

图 5-12　新安煤田底板突水危险性分区图

2. 注浆加固

注浆加固，是指对底板隔水层中存在的裂隙、断层等进行注浆，使其隔水性增强，提高其抗水压能力，预防奥灰突水。当突水系数为 0.04~0.08 MPa/m，新安煤矿和云顶煤矿当前采掘区域，对底板以注浆加固为主，特殊情况下同时进行加厚。

1) 加固层位

底板隔水层一般是指二$_1$煤层底至奥灰顶界面之间的岩层，包括煤层底板泥砂岩段、太原组和本溪组。由于采后形成底板破坏带，若在底板破坏带内注浆，回采过程中注浆区域会遭到破坏，既起不到加固底板的作用，又增加了注浆费用。因此，应避免在底板破坏带内注浆或在高压条件下将浆液压入邻近的采空区内。

2) 加固重点区段

由于不同矿井、不同工作面地质条件存在差异性，因此应遵循差异化的布孔原则。疑似构造区、物探异常区（包括槽波地震、瞬变电磁等）、工作面初压和周压段、煤厚变薄区等往往为底板突水高风险的区域，应作为重点进行加固，其他区域可适当进行探注，在保障安全的前提下节约钻孔的数量。

3) 差异化措施

（1）当钻孔百米降深涌水量不足 2 m^3/h，钻孔查证地层厚度、产状正常，岩层完整性较好，本溪组隔水性好时，可做封孔处理。

（2）当钻孔初始涌水量较大，钻孔查证地层厚度、产状正常，本溪组铝土岩完整性较好，钻孔涌水量衰减较快时，也可做封孔处理。

（3）当本溪组铝土岩完整性较好，其上覆岩层破碎，钻孔涌水量虽然较大但衰减较快时，对揭穿岩层的中下段进行注浆加固。

（4）若本溪组铝土岩比较破碎，已失去阻隔水性能，但奥灰顶界面风化壳充填较好，也可只对底板隔水层中下段做加固处理。

（5）若地层厚度或产状异常，底板（包括本溪组铝土岩）破碎，奥灰风化壳裂隙发育又充填不好，奥灰水已导升或与上部太原组灰砂岩含水层之间存在水力联系，钻孔涌水量较大且比较稳定时，在加固底板隔水层的同时，还应对奥灰风化壳进行注浆充填，深度一般应不小于 20~30 m。

3. 注浆加厚

加厚主要针对底板隔水层厚度不足、承受水压过高的突水区，当底板隔水层厚度不能达到安全隔水层厚度时，可利用底板注浆的方法将下伏奥灰含水层顶部岩溶裂隙充填，使其变为相对的隔水层，增加底板隔水层厚度，最终使底板隔水层厚度大于临界隔水层厚度值，从而达到防治奥灰突水的目的。孟津、义安、新义 3 对深部矿井，突水系数大于或等于 0.08 MPa/m 的采掘区域，在加固的同时，还应对底板进行加厚处理。

1）加厚厚度

由于新安煤田各工作面水压和底板隔水层厚度在空间上有较大的差异性，因此，底板加厚厚度存在差异性，底板浆加厚厚度可按下式计算：

$$M_{加} = \frac{P}{T_S} - M \qquad (5-4)$$

式中　　$M_{加}$——注浆加厚的厚度，m；

　　　　P——工作面底板承受的奥灰水压，MPa；

　　　　T_S——临界突水系数；

　　　　M——底板隔水层厚度，m。

奥灰含水层注浆改造深度，应根据底板隔水层厚度及其完整性、水压等因素综合分析确定，在达到加厚的条件后，在深部新义、孟津、义安三矿一般应不小于 30~50 m，新安煤矿和云顶煤矿奥灰含水层注浆改造深度一般应不小于 20~30 m。

2）差异化措施

（1）当钻孔百米降深涌水量不足 2 m³/h，钻孔查证地层厚度、产状正常，隔水层完整性较好，奥灰顶部风化壳裂隙不发育或裂隙被泥质物质充填较好，奥灰水与太原组灰砂岩水之间没有水力联系时，可做封孔处理。

（2）当钻孔初始水量较大，地层厚度、产状正常，隔水层完整性较好，奥灰顶部风化壳裂隙不发育或裂隙被泥质物质充填较好，奥灰水与太原组灰砂岩水之间没有水力联系，钻孔涌水量衰减较快时，也可做封孔处理。

（3）不满足上述条件时，除了对底板隔水层进行加固外，还应对奥灰含水层上段进行注浆改造，使其失去含水性，成为有效隔水层，与太原组隔水层一起共同阻隔奥灰水，预防奥灰突水事故。

（4）奥灰含水层注浆改造深度，应根据底板隔水层厚度及其完整性、水压等因素综合分析确定，一般应不小于 30~50 m。

4. 注浆缝裂

历年来突水资料显示，突水事故均与断裂构造有着密切的联系。张性断裂作为岩体内大型结构面，严重破坏岩体的完整性。其本身不仅能赋存地下水，成为矿井充水水源，还能沟通奥灰与二₁煤层之间的水力联系，极易造成突水事故。因此，断层等断裂构造是采掘场所主要的薄弱区段，也是诱发突水灾害的主要因素之一，是注浆治理的重点。

缝裂，就是通过注浆对采掘区域所揭露的断层或查明的隐伏断层等断裂构造进行"缝合",使其失去导(储)水功能,从而预防奥灰突水,保证安全采掘。对断层进行注浆缝合时,钻孔方向应尽可能与断层走向呈小角度斜交,尽可能从断层两侧分别布置上下交叉钻孔,以便更有效、更多地揭露裂隙,形成立体交叉注浆格局,取得更有效的注浆效果。断层等断裂区域还应当加密、加深布设钻孔进行注浆,以强化注浆缝裂效果,确保采掘过程中不发生奥灰突水事故。

注浆设计前充分利用井上下物探、钻探资料,掌握断层规模及展布情况,为缝裂钻孔设计提供依据。

(三) 注浆截流

截,这里是指在新安水文地质单元,通过地表裂缝和灰岩溶孔(洞)充填治理,对地下水径流通道注浆(包括骨料)充填等措施,切断威胁矿井安全的含水层的大气降水或地表水的补给通道,截断地下水的强径流通道等,为奥灰水的疏水降压创造条件等,是新安煤田一种重要的矿井防治水措施。

1. 地表截流

新安煤田岩溶含水层的可疏性决定了通过地表截流减少地下水补给的必要性。根据分析,新安煤田部分区域奥灰水具有较好的可疏性,为减少疏排水量,提高井下疏水降压效果,可采用地表截流。地表截流主要包括奥灰、寒灰的露头区与其小浪底水库的间歇淹没区溶孔(洞)封堵,目的是截断大气降水、地表水对矿井充水含水层的水源补给。灰岩溶孔(洞)充填应重点放在其露头区地形平坦、低凹、沟谷等较集中的补给地段;小浪底水库常年淹没区大部分露头将被淤积物自然覆盖,间歇淹没区的较大的灰岩溶孔(洞)和溶孔(洞)发育的区段是人工充填治理的重点。

2. 地下截流

奥灰水的地下截流是指通过注浆（骨料）在奥灰水的径流带上构筑地下人工坝体以切断原有地下水径流管道，改变地下水运移路径，使得截流内外区域间水力联系丧失或减弱，使原来不具备疏水降压条件的区域可能实施疏水降压。通过地下水截流与底板改造，可以改变地下水运移路径和含水层的富水空间形态，使地下水径流向地层深部或煤田浅部安全区集中，辅以疏水降压，有利于降低奥灰含水层的突水风险区与突水区的突水风险。

新安煤田奥陶系灰岩含水层富水性强而极不均匀，受构造与古时期侵蚀基准面控制，溶裂隙发育有一定的规律，奥灰水运动主要集中在径流带上，地下水的径流有一定的方向性和规律性。在径流带上，特别是主（强）径流带上，奥灰水富水性强、运移快、补给充足；而在径流弱的区域，富水性不强、补给不足、地下水流动滞缓。如果通过物探、钻探、放水试验等，圈出地下水径流条带，通过注浆（骨料）截流在径流带上形成单一或多个"人工栓塞"，隔断或减弱区域内外的水力联系，使一定区域内形成（相对）静水环境，再对相对封闭的"栓塞"内区域的地下水进行疏泄，降低底板承受的水压，为"安全带压开采"创造条件。

井下打钻截流可利用井下注浆钻孔，当出现大水钻孔时，采用"能注尽注"的原则，以最大量进浆，最大范围的扩散，最大限度充填实岩溶裂隙，最大程度地截断径流通道。但注浆时应提高注浆效率，避免浆液过分远距离扩散。

（四）留设防水煤柱

针对底板岩溶水留设防水煤柱，主要存在以下几种情况：

1. 较大的导水断层应留设防水煤柱

含水或导水断层防隔水煤（岩）柱的留设，参考《煤矿防治水规定》相关内容，可参照下式计算：

$$L = 0.5KM\sqrt{\frac{3p}{K_P}} \geqslant 20 \text{ m} \qquad (5-5)$$

式中　　L——煤柱留设的宽度，m；

　　　　K——安全系数，一般取 $2\sim5$；

　　　　M——煤层厚度或采高，m；

　　　　p——水头压力，MPa；

　　　　K_P——煤的抗拉强度，MPa。

　　在采掘过程中发现较大断层时，应采用物、钻探方法确定其导水性，若为导水断层且难以治理，可按式（5-5）计算断层防水煤柱宽度。

　　2. 注浆改造难以治理的奥灰含水层强径流（富水）条带

　　奥灰含水层强径流（富水）条带及其附近区域容易引发大型、特大型奥灰突水。底板注浆改造过程中，强径流（富水）条带若难以治理或有较大突水风险时，可根据奥灰水压、奥灰导升高度、隔水层厚度、底板岩性等因素计算，合理留设防水煤柱。

　　3. 奥灰长观孔等重要设施也需要留设防水煤（岩）柱

　　当井下采掘过程中遇到奥灰长观孔、有奥灰充分补给的封闭不良钻孔时，应留设防水煤柱，防水煤柱可按式（5-5）留设。

　　（五）多种措施的综合应用

　　由于疏水降压措施难以在短期内将奥灰水压疏降至安全水压以下，因此奥灰水防治应采用长期目标与短期措施相结合。疏水降压为区域性措施，降低奥灰水位过程是长期的，短期内还应坚持以底板注浆改造为主。长期疏水后，若奥灰水位明显降低，奥灰突水风险已经能够排除，达到安全带压开采条件时，就可以不再对底板做注浆改造。

三、底板岩溶水防治工作路线

新安煤田底板岩溶裂隙含水层包括太原组薄层灰岩含水层和奥（寒）灰岩含水层。由于太原组薄层灰层含水层富水性弱，以静储量为主，对矿井安全不构成威胁，且上部灰岩段对矿井直接充水，可以采用疏放措施进行防治，防治水工作较为简单。

对于奥灰水害，由于现浅部新安、云顶生产采区煤层底板承受的奥灰水压普遍在 2 MPa 以上，在深部新义、义安、孟津煤层底板承受的奥灰水压普遍高于 4 MPa，且静储量和动储量丰富，一旦突水，易造成淹井或淹采区事故。因此，应坚持综合防治水对策，即采用疏水降压、底板注浆改造、截流、留设防水煤柱等防治奥灰水措施，最大限度地避免突水事故发生。防治水工作路线如下（图 5-13）：

（1）在认识区域水文地质条件的基础上，掌握奥灰水的运动规律，对新安水文地质单元进行分区，划分补给区、顺层径流区、折向汇流区、缓流滞流区和排泄区。

（2）统计以往突水事件资料，利用突水系数，对新安煤田底板奥灰水害风险做出评价，划分安全区、突水风险区和突水区。

（3）对于划分的安全区，建议在采掘过程中加强水文地质观测，关注涌水量、奥灰水位、水温、水质动态情况。

（4）突水风险区和突水区是奥灰水害防治的重点区域。①突水风险区和突水区内，通过查、评，对富水性不强、与外部水力联系较弱、补给相对不足的缓流滞流区域应大胆尝试通过长期疏水降压，降低奥灰水位，持续减小底板承受的奥灰水压，最终实现安全带压开采；②对地下水径流通道集中的区域，通过地下截流形成可疏条件后，也应当首先选用疏降措施，实现安全带

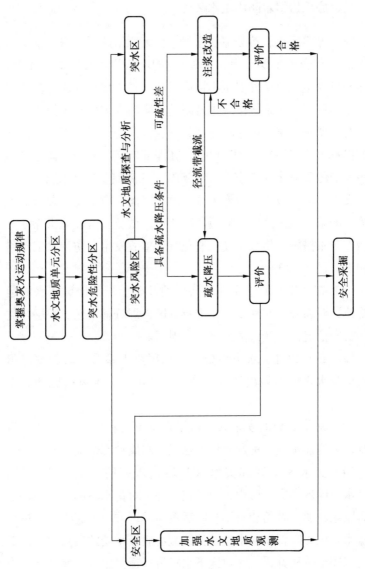

图 5-13 奥灰水防治主要工作路线图

压开采；③对于不宜疏水降压或虽能疏水降压但奥灰水位暂时难以达到安全水头以下的区域，应当采用注浆（骨料）的措施改造含水层，缝合断裂，封堵裂隙等，达到加固或加厚底板隔水层的目的，由非安全带压开采转变为安全带压开采；④储、导水性能良好的较大的断层等局部水害威胁严重的区段，有时还需要采用防的措施，即通过留设防水煤柱的办法，确保不发生突水事故。

第四节　老空水防治对策

文中老空水指大矿采空区水和煤田浅部小窑水；小窑水指古、现代老窑积水、乡镇小煤矿积水、个体小煤窑积水等。由于大矿采空区水积水量、积水边界、积水范围等清楚，对矿井安全生产影响较小，其防治工作相对简单，文中不再赘述。本文主要论述小窑水的防治对策。

一、小窑水危害与透水征兆

1. 小窑水危害

1）透水事故

小煤矿由于缺乏技术力量和采掘基础资料，生产过程中缺少安全技术措施或措施失当，多次发生小窑透水事故，甚至造成人身伤亡。如2005年12月2日，新安县寺沟煤矿非法进入矿井边界煤柱，在接近已关闭的桥北煤矿老空积水区采煤，造成煤柱突然垮塌，沟通地表河水的老空积水迅速溃入井下，导致事故发生，共造成35人死亡，7人失踪；2009年9月13日，新安县鑫泰煤业掘透水井发生透水事故，造成10人死亡。

2）威胁大矿安全

新安煤田大矿主采煤层二$_1$煤层浅部，曾分布有大量开采同一煤层的小煤矿，停产关闭后，留下大量的小窑积水区，在新安煤田东翼甚至能接受小浪底水库充分补给，严重威胁大矿安全。

3）水文地质压煤

为保证新安、云顶煤矿矿井安全，两矿在浅部边界处留设了宽度不小于 100 m、累计长度约 21 km 的保护煤柱，按平均煤厚4.22 m 计算，则造成的水文地质压煤达 740 余万吨。

4）增加矿井水害防治成本

浅部小窑水的存在，在增加矿井防治水难度的同时，也增加了矿井防治水成本。一方面，大矿在浅部开采时，为保证采掘安全和合理留设保护煤柱，不得不投入大量的井上下工程去探测和确定小煤窑积水区的下部边界，或建立防水闸墙（门）来控制水害影响程度。新安煤矿已施工防水闸墙 5 座，井下注浆加固工程 3 处，井下钻探工程量近 3000 m。另一方面，小煤窑积水可对大矿起充水作用，增加大矿涌水量，直接增加矿井排水费用。

5）污染环境

小煤矿生产时，矿井水能够及时排出；关闭停产后，停止排水，矿井水长期滞留，形成酸性矿井水，可对地下水造成污染。若溢出地表，则可能对地表水造成污染。

2. 透水征兆

老空水特别是其中的小窑水由于长期封存，其水理性质和煤层顶底板含水层水有明显差别，在向采掘空间透（突）水时有较为明显的特征，易于辨认，主要征兆有：

（1）挂红。新安煤田二$_1$煤层中含有丰富的 FeS_2，在小煤窑采掘空间内，会和水、氧气发生一系列氧化反应，当采掘接近时，这些含有丰富铁氧化物的小窑水会通过煤岩裂隙渗透到采掘工作面，并常呈暗红色水锈。小窑积水空间 FeS_2 主要反应式如下：

$$2FeS_2 + 7O_2 + 2H_2O \longrightarrow 2FeSO_4 + 4H^+ + 2SO_4^{2-} \qquad (5-6)$$

$$4FeSO_4 + 2H_2SO_4 + O_2 \longrightarrow 2Fe_2(SO_4)_3 + 2H_2O \qquad (5-7)$$

$$Fe_2(SO_4)_3 + 6H_2O \longrightarrow 2Fe(OH)_3 + 3H_2SO_4 \qquad (5-8)$$

(2) 挂汗。小窑水在自身压力作用下，向煤岩渗透。通常情况下，小窑积水温度要低于井下采掘空间的空气温度，当采掘工作面接近积水时，温湿空气遇低温煤体凝结成水珠，特别是新鲜切面"挂汗"明显。

(3) 空气变冷。采掘工作面接近小煤窑积水区时，气温骤然降低，煤壁发凉，人一进入工作面有凉爽、阴冷感觉。

(4) 出现雾气。当采掘工作在温度较高时，自煤壁渗出的相对低温小窑积水蒸发而在工作面附近形成雾气。此时有别于底板突水时采掘工作面的雾气，底板突水是高温的底板水在相对低温的采掘空间冷凝而形成的雾气。前者对采掘工作面有降温作用，而后者则存在升温作用。

(5) 有害气体增加。小窑积水处于相对封闭的空间，瓦斯、二氧化碳和硫化氢等有害气体易于积聚，当积水通过煤墙裂隙向采掘空间渗透时，这些有害气体多伴随散逸而出，造成采掘空间有害气体增加，且常弥散有臭鸡蛋气味（H_2S 味道），这是因为在封闭条件下，氧气不足，处于还原环境，且有大量有机质煤的存在，使得 SO_4^{2-} 还原为 H_2S，其反应式如下：

$$SO_4^{2-} + 2C + 2H_2O \longrightarrow H_2S + 2HCO_3^- \qquad (5-9)$$

(6) 煤壁发潮、松软、掉煤并出现煤壁渗水。当小窑水顺着煤层中的裂隙向采掘空间渗透时，煤吸水发潮，进而变得松软，煤强度变低，此时渗出面煤壁常出现片帮、顶板掉煤现象，进一步削弱煤墙的强度，为小窑水溃入创造条件。

因水文地质条件的不同，小窑水向采掘空间透水的形式多样，因此井下现场小窑水透水征兆会有所不同。如 2005 年 12 月

2 日寺沟煤矿透水事故前，工作面煤墙就有明显的煤壁潮湿、掉煤现象，却没有引起重视，进而酿成悲惨事故。

二、二$_1$ 煤小窑水

（一）小窑水分布

新安煤田小煤矿以大范围开采二$_1$ 煤层为主，煤田浅部广泛分布二$_1$ 煤小窑积水区。以新安煤矿工业广场和石寺镇保护煤柱为界，大体上可分为东部和西部小窑积水区。

1. 西部小窑积水区

该小窑积水区位于云顶井田和新安井田西翼浅部（图 5 – 14），新安煤矿工业广场和石寺镇保护煤柱以西区域。主要有五星、上灯、渠里、地安、渠里东、石寺等小煤矿采空积水区和露头及浅埋区的大量小窑积水区组成，开采标高多在 + 150 m 以浅，渠里煤矿最低可至 + 70 m。这些小煤矿井下多相互沟通，小窑积水区水位可高达 + 280 m 左右，此时积水区面积约 6.4 km^2，积水量约 520 万 m^3。

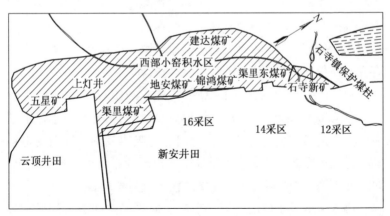

图 5 – 14　西部小煤窑积水区分布示意图

2. 东部小窑积水区

该小窑积水区位于新安井田东翼浅部和狂口预测区浅部（图 5 - 15），新安煤矿工业广场和石寺镇保护煤柱以东区域。新安井田浅部主要有东沙一矿、东沙二矿、北治村二矿、寺河煤矿、黄沙坪煤矿、黄沙坪二矿、振兴煤矿等小煤矿采空积水区和露头及浅埋区大量小窑积水区组成；狂口预测区浅部主要由银龙煤业（由东沟煤矿、后洞二矿、许后煤矿、太平煤矿、仓新煤矿和黄沙坪三矿等整合组成）采空积水区构成。该区域小窑数量最多、开采范围最广，且有 42 个小煤窑井口直接位于小浪底水库淹没区内，能得到水库水的充分补给，开采标高多在 +150 m 以浅，寺河第三煤矿可达 +50 m，黄沙坪二矿和振兴煤矿最低可至 ±0 m。这些小窑多相互沟通，积水区水位最高时可达 +275 m 左右。当小窑积水水位 +275 m 时，小窑采掘活动范围面积约 20.9 km²，估算积水量约 1690 万 m³。

（二）防治工作路线

（1）通过民间走访、调查、地面踏勘和井上下测量的方法，搜集整理小窑采掘及积水情况资料，并标注在矿井采掘工程平面图、矿井充水性图等图纸上。

（2）通过井上下物探和钻探的方法对小窑积水区底部边界进行探测，将初步确定的小窑积水区下部边界和探水线、警戒线等标注在矿井采掘工程平面图、矿井充水性图等图纸上。

（3）建立小窑水位动态监测系统；针对不同条件地段的防治手段进行安全、经济和技术综合分析，并确定不同区段最佳的小窑水害防治方案；与小窑水存联系、对大矿起充水作用、威胁大矿安全的区段，应立足大矿采掘场所构筑防治系统；不存在水力联系的，可留设足够的防水煤柱；对于补给不足、具备疏放条件的小窑积水，可采取井上下疏排措施进行彻底疏排。

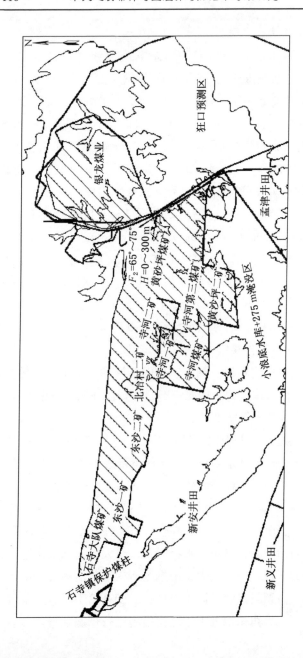

图 5 – 15　东部小煤窑积水区分布示意图

（三）防治对策

1. 探查小窑采掘范围、确定底部积水边界

通过调查、访问、现场踏勘及井上下测量的方式，搜集整理小窑采掘积水资料，了解新安、云顶井田浅部小煤矿（窑）大致的采掘范围，并在两矿井采掘工程平面图上进行标注。

以初步掌握的小窑深部采掘边界为准，上部外推 100 m，下部外推 200 m，圈出 300 m 左右宽度的地表物探区，综合应用地面瞬变电磁和三维地震等手段进行地面探查，并结合井下瞬变电磁、槽波地震等物探资料及井上下钻探资料，综合分析，确定小煤窑的底部采掘积水边界。

2. 小窑水位动态监测

新安煤田可利用已废弃的小煤窑井筒或在小煤窑采空区凿打观测孔进行小窑水位动态监测，建立相关水位台账，掌握小窑积水水位的动态变化，为确定小窑水影响范围和影响程度提依据。

3. 构筑小窑水防治体系

1）合理留设防水煤（岩）柱

对云顶和新安煤矿浅部边界存在留设煤（岩）柱条件的，应按要求留设充足合理的防水煤（岩）柱，煤（岩）柱尺寸按以下方法确定。

（1）抵抗静水压力所需防水煤柱宽度可按《煤矿防治水手册》中提供的以下经验公式计算：

$$L = L_p + L_y + L_T \tag{5-10}$$

$$L_p = 0.5KM\sqrt{\frac{3p}{K_p}} \geqslant 20 \text{ m} \tag{5-11}$$

$$L_y = 0.1\sqrt{MH} \tag{5-12}$$

其中　　L——煤柱留设的宽度，m；

　　　　L_p——抵抗顺层静水压力留设的煤柱宽度，m；

L_y——煤层受支撑压力作用产生屈服带的宽度，m；

L_T——测量误差，取 2.26 m，m；

K——安全系数，一般取 2 ~ 5；

M——煤层厚度或采高，m；

p——水头压力，MPa；

K_p——煤的抗拉强度，MPa；

H——采深，m。

由于公式中涉及的主要参数煤厚和水头压力存在差异，浅部各区段防水煤柱宽度不同。经计算，云顶煤矿浅部与五星矿相临处保护煤柱宽度为 46.2 m；云顶煤矿东翼和新安煤矿与渠里矿相临处保护煤柱宽度为 55 m；新安煤矿西翼其他区段保护煤柱宽度为 44 m；新安煤矿东翼 13、15 区浅部保护煤柱宽度为 38 m；新安煤矿东翼 15 区以东区域浅部保护煤柱宽度为 76 m。

（2）考虑煤柱两侧采动破坏所需的防水煤柱宽度可根据《煤矿防治水手册》中提供的下列公式计算：

$$L_y = \frac{H - H_L}{100} \times \frac{1}{T_s} \geqslant 20 \text{ m} \qquad (5-13)$$

$$L = L_1 + L_2 + L_y + L_T = \frac{H_L}{\tan\delta_1} + \frac{H_L}{\tan\delta_2} + \frac{H - H_L}{100 t_s} + L_T \qquad (5-14)$$

$$H_L = \frac{100M}{3.3n + 3.8} + 5.1 \qquad (5-15)$$

式中　L_y——导水裂缝带上限岩柱宽度，m；

H——煤层底板以上的静水位高度，m；

H_L——导水裂缝带最大值，m；

T_s——水压与岩柱宽度的比值，可取 0.1 MPa/m；

L_1——上部边界部分煤柱宽度，m；

L_2——下部边界部分煤柱宽度，m；

δ_1——上山方向岩层移动角，72°（新安煤矿提供）；

δ_2——下山方向岩层移动角，67°（新安煤矿提供）；

M——煤层厚度，m；

n——分层开采层数，本次计算取 1。

经计算，云顶煤矿浅部与五星矿相临处保护煤柱宽度为 73.7 m；云顶煤矿东翼和新安煤矿与渠里矿相邻处保护煤柱宽度为 71 m；新安煤矿西翼其他区段保护煤柱宽度为 71 m；新安煤矿东翼 13、15 区浅部保护煤柱宽度为 65 m；新安煤矿东翼 15 区以东区域浅部保护煤柱宽度为 83 m。

在上述两种方法的计算中，各区段的保护煤柱宽度有所差别，为确保安全，以各区段计算结果的最大值作为煤柱留设的参考值。

上述计算中，各区段保护煤柱的尺寸是在查明小窑下部采空积水边界情况下留设的参考值，在实际中，小煤窑采掘积水情况较为复杂，煤柱的留设应根据具体情况确定，但不得小于上述确定值。

2）薄弱隔离煤（岩）柱加固

云顶煤矿与浅部五星矿边界保护煤柱部分区段煤柱留设不足，五星矿积水后，云顶矿 12 回风上巷部分区段顶板出现明显淋水现象（图 5-16）。云顶煤矿已采取在 12 采区回风上巷淋水地段注浆充填的方式对保护煤柱进行了加固，后期还可考虑对五星矿 11011 工作面采空区下部地带采用地面注浆的方式进行充填、加固，使薄弱保护煤柱宽度达到安全要求。

新安矿 11 采区东部 11091 工作面切眼处与大巷之间的岩柱仅 30 余米，11 采区西部 11121 工作面下巷与 +25 m 大巷间的岩柱也只有 40 m，防水煤（岩）宽度明显不足。因此，为避免隔水岩柱不足导致老空水透水灾害发生，新安煤矿采用地面打钻注浆技术，共布置 8 个钻孔对 11090 工作面里段和 11120 工作面下

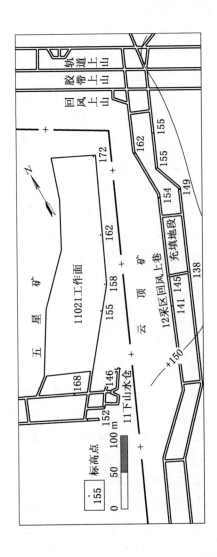

图 5—16　云顶矿与五星矿边界采据情况及淋水段平面图

段的采空区进行了充填（图 5-17），实现了 11 区大巷煤柱的加宽、加固，经多年运行检验，取得了良好的效果。

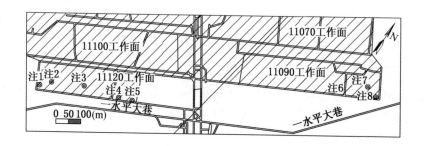

图 5-17 新安煤矿 11 上山采区下段薄弱煤（岩）柱
加固工程布置平面图

3）切断主要过水通道

在新安煤田小煤窑与大矿实际沟通区段，由于已无法留设足够的防水煤（岩）柱，那就应该考虑通过建筑防水闸墙、挡水墙等方法对沟通的区域或巷道进行封堵，切断主要过水通道，实现小煤窑积水区与大矿采掘区域的有效隔离。新安矿已施工完成防治闸墙 5 座，分别位于 11 采区皮带上山、11 采区轨道上山、11120 工作面下巷、13 采区总回风巷和 14 进风斜井下段东侧。根据井下掌握的情况，新安矿今后仍需构筑防水闸墙的地方有14 上山采区。

4）西部小窑水疏排

新安煤田西部小窑积水区与小浪底水库没有水力联系。通过小窑水位动态监测，待小煤矿长期停采、导水裂隙闭合、地表裂缝充填及小窑水补给量明显减少后，可通过整治地表河床渗漏地段，减少入渗量，并通过地面排水和井下放水相结合，疏干小窑积水，消除小窑水害威胁，预计可解放煤炭资源300万吨左右。

三、七₂煤小窑水

（一）七₂煤层小窑水分布

新安煤田曾有少部分小煤矿开采上石盒子组七₂煤层。这些小煤矿在新安、义安、孟津等井田均有分布，主要有鑫山煤矿、原后地煤矿、洞子崖煤矿、石泉煤矿、二道桥煤矿和长鑫煤矿等（图5-18），其采掘范围估算约10.4 km²，停产报废后采空区积水量约240万 m³。

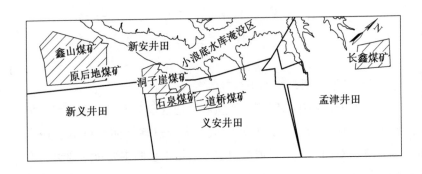

图5-18 新安煤田七₂煤层小煤窑分布范围示意图

（二）七₂煤小窑水下开采安全性分析

根据新安煤田七₂煤层采掘范围及相邻区域17个钻孔资料，七₂煤层与二₁煤层之间的间距为370~405 m，平均391 m。其中，砂岩等坚硬岩石厚度82~187 m，平均139 m，占岩层总厚度的35.5%；泥岩、砂质泥岩等软弱岩石厚度213~300 m，平均252 m，占岩层总厚度的64.5%（表5-12）。两煤层间隔离岩柱厚度大且以软弱岩层为主。

表 5 – 12　七$_2$煤层采掘范围内钻孔数据与二$_1$煤层
采后导裂发育情况表　　　　　　m

钻孔	二$_1$煤厚	与七$_2$煤间距	泥岩、砂质泥岩厚度	砂岩厚度	七$_2$煤埋深	采后导裂高度	保护岩柱厚度
3802	8.7	381	299	82	227	127.6	253.4
4003	2.48	397	314	83	224	40.0	357.0
23020	6.31	399	237	162	276	94.0	305.0
2401	3.9	391	300	91	313	60.0	331.0
25012	7.63	389	219	170	242	112.6	276.4
20	6.25	391			197	93.1	297.9
19012	4.59	405	280	125	247	69.7	335.3
19010	0.44	388	215	173	190	11.3	376.7
17	1.35	390			190	24.1	365.9
1109	0.65	388	233	155	196	14.3	373.7
109	8.55	391			181	125.5	265.5
1509	2.92	402	215	187	164	46.2	355.8
1502	5.39	391			177	81.0	310.0
1407	0.2	387	213	174	174	7.9	379.1
1307	8	403	237	166	153	117.8	285.2
1205	7.04	384	233	151	162	104.3	279.7
1204	6.6	370	279	91	74	98.1	271.9

七$_2$煤小窑水影响范围内二$_1$煤层厚度 0.2 ~ 8.7 m，倾角平均约 12°，采用《矿井水文地质规程》经验公式计算后，区内最大导水裂缝带发育高度为 7.9 ~ 126.7 m，二$_1$煤层采后顶板保护岩柱厚度最薄处仍有 253.4 m，最厚处可达 350 m 以上，二$_1$煤层采后顶板保护岩柱充足，开采安全性高。

另外，七$_2$煤层开采厚度多不足 1 m，采后导裂高度发育较小，沟通顶板含水层有限，加之七$_2$煤层埋深较大，开采影响区域无常年性地表水体和河流，七$_2$煤小窑水基本不受大气降水和地表水影响，积水量有限且以静储量为主。

总之，二$_1$煤层与七$_2$煤层两者之间有充足的防隔水岩柱，七$_2$煤层小窑水垂向自然渗透量十分微弱，其采空区积水对下部二$_1$煤层开采基本没有影响。后期在七$_2$煤采空区及其临近区域下开采二$_1$煤时，在煤层厚度大、大中型构造发育、封闭不良钻孔等地段，应加强水文地质观测，必要时可采取控制采高或留设防水岩柱的措施。

第五节　地表水防治对策

新安煤田约有 49.5 km^2 处于小浪底水库淹没区内，水下压煤约 3 亿 t；而现有生产矿井中受地表水影响最大的新安煤矿，井田淹没面积可达 12.5 km^2，水下压煤近 9000 万 t。能否开展水下采煤、如何开展水下采煤关系到新安煤矿的采掘接替、平衡、可持续发展以及其他水下煤炭资源的开采。

一、水下采煤安全性分析

新安煤田新安、义安、孟津等三井田淹没区下，大部分区域采后留有充足的保护岩柱，地表水充水强度较小，且在二$_1$煤层埋深、顶板岩性、构造等方面存在有利条件，开采安全性较高，具体分析如下：

1. 采后保护岩柱厚度

采后顶板保护岩柱厚度的大小是影响水下开采安全与否的最主要因素，其值可用二$_1$煤层顶板基岩厚度减去最大导水裂缝带发育高度计算可得。当采厚大于 6 m 时，由于《矿井水文地质规程》导水裂缝带经验公式计算结果比《煤矿防治水手册》、新安煤田经验公式大，从安全角度考虑，采用《矿井水文地质规程》中硬岩石经验公式对导水裂缝带高度进行计算，其等值线图如图5-19所示。

$$H_f = \frac{100M}{3.3n + 3.8} + 5.1 \qquad (5-16)$$

式中　H_f——导水裂缝带最大高度，m；

　　　M——累计采厚，m；

　　　n——煤分层层数。

利用淹没区范围内及相邻区域钻孔资料，计算一次采高条件下保护岩柱厚度，并绘制其等值线图（图5-20）。从图上看，三个井田采后顶板剩余岩柱厚度在200 m以上的区域面积约为11.2 km²，占总面积的69.6%；采后顶板剩余岩柱厚度在100~200 m之间区域面积约为3.9 km²，占总面积的24.2%。而采后剩余岩柱厚度小于100 m的区域面积仅为1.0 km²，仅占总面积的6.2%。即在现有钻孔煤厚资料的情况下，绝大部分区域采后顶板留有充足的保护岩柱，水下开采安全性较高。另外，根据井下实际揭露及勘探资料，新安煤田煤层赋存极不稳定，特厚煤层多呈条带状、鸡窝状分布，采后导裂高度会有所降低。

2. 地表水充水强度预测

地表水可通过垂向补给和侧向补给的方式对矿井进行充水，其充水强度可通过以下公式进行计算：

$$Q = K_v A \frac{H_1 - H_2}{24l} + K_p A \frac{H_1 - H_2}{24l} \qquad (5-17)$$

$$K_v = \frac{\sum_{i=1}^{n}(M_i)}{\sum_{i=1}^{n}\left(\frac{M_i}{K_i}\right)} \qquad (5-18)$$

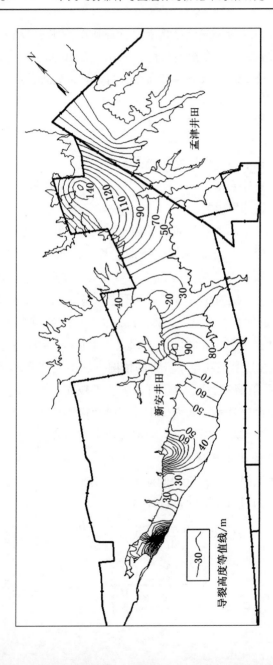

图 5 - 19　淹没区内二₁煤层采后导水裂缝带发育高度等值线图

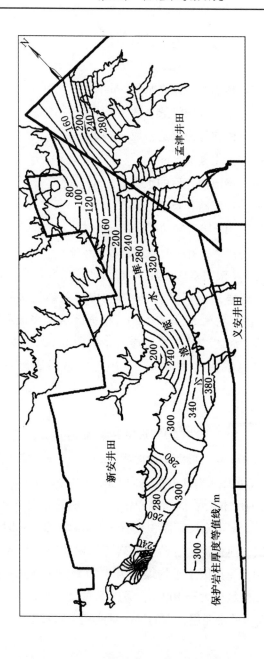

图 5 - 20　淹没区内二₁煤层采后保护岩柱厚度等值线图

$$K_{\mathrm{p}} = \frac{\sum_{i=1}^{n}(K_i M_i)}{\sum_{i=1}^{n}(M_i)} \qquad (5-19)$$

其中　　　　Q——地表水矿井充水量，$\mathrm{m^3/h}$；

K_{v}——垂向等效渗透系数，$\mathrm{m/d}$；

K_{p}——侧向等效渗透系数，$\mathrm{m/d}$；

A——过水断面，$\mathrm{m^2}$；

H_1、H_2——渗流前、后的水头值，m；

l——径流路径长度，m；

M_i——第 i 层岩层的厚度，m；

K_i——第 i 层岩层的渗透系数，$\mathrm{m/d}$。

根据新安煤田小浪底水库淹没区内及其周边 35 个钻孔资料，顶板泥岩（砂质泥岩）、粉（细）砂岩和中粗粒砂岩多互层分布，其平均百分占比约为 50：30：20。根据区域水文地质试验参数及经验取值，泥岩、砂质泥岩渗透系数取 0.0001 m/d，粉砂岩、细砂岩渗透系数取 0.01 m/d，中粗粒砂岩渗透系数取 0.039 m/d。

1）垂向充水量

通过计算 K_{v} 为 1.99×10^{-4} m/d；渗流前后水头差值取 150 m；面积取 +275 m 时最大淹没面积 16.1×10^6 $\mathrm{m^2}$；渗流路径取 100 m。计算得水库水对矿井的垂向充水量约为 200 $\mathrm{m^3/h}$。

因小浪底水库水位存在周期性变化，三井田间歇性淹没区面积可达 12.7 $\mathrm{km^2}$，常年淹没区面积仅有 3.5 $\mathrm{km^2}$，而计算时采用最大淹没区面积；顶板泥岩、砂质泥岩等属隔水层，其 K 值要小于 0.0001 m/d；淹没区下平均煤厚为 3.99 m，实际开采后保护岩柱厚度 90% 区域要大于 100 m；另外库底会逐渐形成一层稳定的具有隔水性质的淤泥层，它的存在对地表水的入渗有一定的阻止作用，地表水的垂向补给作用会较大程度的削弱。因此在无直接导水通道沟通条件下，地表水对矿井的垂向充水量要远小于此值。

2）侧向充水量

新安煤田二$_1$煤层开采后导水裂缝带最大发育高度多在山西组内，部分区段可能达到下石盒子组，地表水通过含水层露头对二$_1$煤层顶板含水层进行侧向补给，并沿地层倾向方向向深部流动，遇导水裂缝带后跌落对矿井进行充水。因此在侧向补给量计算时，主要考虑导水裂缝带影响范围内的侧向补给情况，新安和孟津井田存在地表水补给的边界长度约为 15.8 km；平均煤厚 4.2 m 情况下，采后导裂高度约 65 m，侧面积约为 1.1×10^6 m^2；等效渗透系数 0.029 m/d；平均水力坡度采用 0.12，则水库水通过含水层露头区对矿井的侧向充水量约为 146 m^3/h。

淹没区下二$_1$煤层开采后，在无直接导水通道沟通情况下，地表水对矿井的垂向充水量约为 200 m^3/h，侧向补给量约为 146 m^3/h，总补给量为 346 m^3/h，对矿井涌水量的增加幅度有限，对水下开采的单个工作来说，开采时因地表水作用而增加的涌水量更少，基本不存在地表水大量补给的现象，利于水体下采煤。

3. 淹没区煤层与资源

在小浪底水库 +275 m 淹没区下二$_1$煤层厚度 0 ~ 18.15 m，平均3.99 m，其等值线分布情况如图 5-21 所示。淹没区内煤层厚度大于 10 m 的区域，面积约为 0.45 km^2，约占总面积的 2.8%，占储量的 7%；煤层厚度 5 ~ 10 m 区域，面积约为 4.39 km^2，约占总面积的 27.3%，占储量的 42.9%；煤层厚度小于 5 m 区域，面积 11.26 km^2，约占总面积的 69.9%，占储量的 50.1%。在新安煤田三井田淹没区范围内，煤层厚度小于 10 m

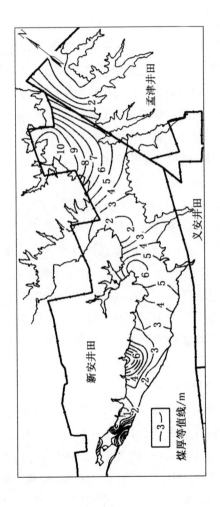

图 5 - 21　淹没区内二₁煤层厚度等值线图

的区域约占总面积的 97.2% , 储量占 93% 。淹没区内煤厚一般小于 5 m, 利于水下采煤。

4. 其他有利因素

1) 顶板岩性组合

通过对小浪底水库 +275 m 淹没区范围内的 28 个钻孔及周边 10 个钻孔的岩性资料进行统计, 在除去第四厚度情况下, 二$_1$煤层顶板岩层总厚度平均为 336.4 m, 其中泥岩、砂质泥岩总厚度平均为 168.1 m, 约占顶板岩层总厚度的 50% ; 粉砂岩、细砂岩总厚度平均为 100.5 m, 约占顶板岩层总厚度的 30% ; 中、粗粒砂岩总厚度平均为 67.3 m, 约占顶板岩层总厚度的 20% 。三种岩性的岩层单层厚度不大, 层数较多, 且多相间分布, 这种岩性组合, 一方面可对采后顶板导水裂缝带的发育高度有一定的限制作用, 另一方面可有效阻止地表水的下渗。

2) 二$_1$煤层埋深

新安煤田 +275 m 淹没区范围内 28 个钻孔及相邻区域部分钻孔资料, 绘制成小浪底水库 +275 m 淹没区下二$_1$煤层埋深等值线图 (图 5 - 22)。淹没区下二$_1$煤层埋深仅孟津井田西北角和新安井田北部边界附近有小部分区域低于 200 m, 面积约为 1.1 km^2, 占三井田淹没区总面积的 6.8% , 而这其中有近 60% 的面积为无煤区, 其他 15 km^2 区域埋深均超过 200 m。煤层大埋深的条件, 为地表水防治和水下开采参数选取留下了充足的空间, 利于水下开采。

3) 构造发育情况

新安煤田小浪底水库淹没区范围内的大型断裂构造发育情况如图 5 - 23 所示, 主要有 6 条, 分别为 F$_1$、F$_7$、F$_{18}$、F$_{11}$、F$_2$和 F$_{29}$, 这六条断层最大落差在 300 m 以上。这些断层多分布在三个井田之外或井田边界处, 三个井田采掘空间多远离这些断

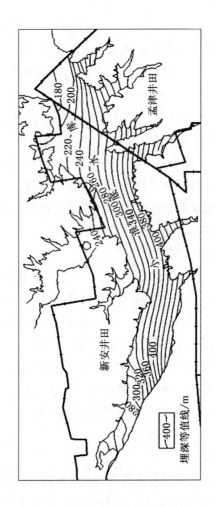

图 5 - 22 小浪底水库 + 275 m 水位淹没区下二₁煤层埋深等值线图

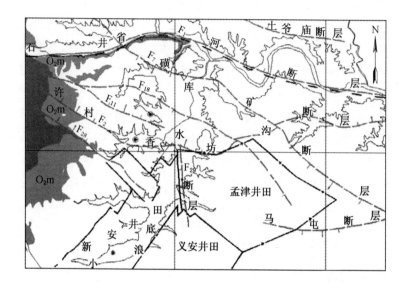

图 5-23 小浪底水库淹没区内大型构造发育情况示意图

层,基本上地表水不会通过这些断层对采掘活动构成直接影响。三个井田淹没区位置和区域构造分布情况利于三个井田开展水下采煤工作。

另外,据新安煤矿已有采掘资料,井下揭露多为落差小于3 m 的小型断层,且数量有限,构造不甚发育,加之顶板砂泥岩互层的岩层结构,也不利于断层在垂直方向上的延伸,均为水下采煤提供了良好条件。

4)水库水位的周期性变化

小浪底水库蓄水后,为治沙防洪需要,水库水位存在周期性变化,根据历年水位观测资料,库水位在 +217~270 m 之间变化,月平均水位较低的 7 月、8 月份,仅为 225 m 和 224 m。因此在三个井田 16.1 km² 的最大淹没区面积中,常年性淹没区仅

3.4 km²，占总面积的 21.1%；间歇性淹没区面积达 12.7 km²，占总面积的 78.9%；另外水位高于 + 270 m 的 1.1 km² 的井田面积基本上处于常年性裸露区。这些大面积的周期性淹没区的存在，为区域内的水下试采、岩移观测、水情观测对比等工作创造了良好条件，利于开展水下采煤工作。

综上所述，新安煤田三井田 + 275 m 水位淹没区内，二₁ 煤层采后 93.8% 面积的保护岩柱厚度大于 100 m，采后有充足的保护岩柱，且存在着诸多利于水下开采的有利因素，绝大部分区域进行水体下开采安全性较高，少部分区域存在一定的风险，但也可采取适当的措施来实现安全开采。

二、地表水防治对策

1. 水下试采

开展水下试采时，本着先易后难进行回采。首先安排在煤层较薄、埋深较大的间歇性淹没区，充分利用间歇性淹没区开采，并由间歇性淹没区逐步向常年性淹没区过渡。在水下试采时，应做好工作面涌水量、两带发育高度、地表岩移、地表沉降量及淹没区内淤积物变化等方面的观测。

2. 控制采高

为减少导水裂缝带的发育高度，留足防水岩柱，在厚煤区开展水下采煤时，应通过采取控制采高的措施，来实现水体下安全开采。

在确定最大允许采高时，应综合考虑上覆岩层的结构和岩性、顶板垮落带、导水裂缝带高度以及开采等因素，并根据井下掘采时实际揭露煤厚进行调整。另外，由于第四系和基岩风化壳的透、含水性，为安全起见，可将第四系和风化壳视为地表水体的一部分，在计算采后保护岩柱厚度时，应将这两层厚度除去。

在井下揭露断层时，应根据断层规模及其影响程度，对最大允许采高进行调整。

3. 迟后开采

随着小浪底水库长期运行，库底将会形成一层淤泥软弱层，淤泥软弱层有良好的隔水功能，一方面可阻止水库水对地下含水层的补给，另一方面增加了保护层厚度，有利于水下采煤。因此新安煤矿在采区接替和工作面安排时，可以将采掘活动安排在非淹没区或间歇淹没区以及其他水下开采比较安全的区域，而存在开采风险的区域可安排在矿井服务后期进行开采。

三、水下采煤的关键防治水工作

新安煤田开展水下采煤存在有利条件，总体安全可行。矿井在水下开采时，除做好地表水防治外，更重要的是做好以下工作：

1. 防治底板奥灰水

新安、义安、孟津等三对矿井在淹没区内开采时，均处于底板不安全带压开采状态。当井下不具备灾害治理条件时，一旦发生井下奥灰突水，在地表很难开展水害治理工作，因此在水下采煤时，应考虑底板奥灰水防治问题。

2. 查明大中型断层

在断层条件下，覆岩导水裂缝带发育高度比一般条件下有较大的增长，特别是当覆岩采动破坏和断层构造组合在一起时，对水体下安全采煤存在较大的威胁和危害。因此在开展水体下采煤前，应查明淹没区范围内的大中型断层，并在开采安全性评价时综合考虑其影响作用。另外，在井下实际掘采时，对揭露断层区域的采高进行及时调整。

3. 封闭不良钻孔处理

淹没区内的封闭不良钻孔是潜在的地表水向采掘空间灌渗的直接通道。因此对淹没区内的封闭不良钻孔均应重新启封，认真做封孔处理；另外为避免钻孔将地表水导入井下，为慎重起见，淹没区或淹没区附近的老钻孔，无论当时封孔质量是否合格，均应重新启封处理。

4. 做好应急预案工作

在开展水下采煤时，矿井必须结合水下采煤可能面临的水害及其特点，在矿井防水灾预案里重点列出，并有针对性地组织防水灾演习；水下采掘工作面在生产之前，也必须编制完善的工作面防水灾预案。

四、地表水防治工作路线

1. 资料收集

收集小浪底水库历年水位资料、区域地质地形图、淹没区及其附近钻孔资料、封闭不良或未封闭井孔资料、区域及井田构造资料、二$_1$煤层顶板岩石力学参数、二$_1$煤层顶板含水层水文地质参数等。

2. 图纸填绘

对收集资料整理分析，绘制淹没区二$_1$煤层埋深等值线图、煤厚等值线图、采后导水裂缝带发育高度等值线图、顶板岩层综合柱状图、顶板水文地质柱状图和淹没区构造图、范围图等。

3. 水下开采安全性分析

对淹没区下二$_1$煤层及资源、采后导水裂缝带发育高度、采后顶板剩余岩柱、淹没区范围变化情况、顶板岩性组合、二$_1$煤层埋深、区域与井田构造特征等进行综合分析，评价水下开采的安全性。圈出防水岩柱不足百米和常年性淹没区等水下开采风险区域，标注封闭不良钻孔、大中型断层等水下采煤的致灾因素，作为地表水防治的重点区域。

4. 水下试采

在煤层较薄、埋深较大、采后保护岩柱厚度大、构造不发育的间歇性淹没区开展水下试采工作，并做好工作面涌水量、两带发育高度、地表岩移、地表沉降量及淹没区内淤积物变化等方面的观测，确定不同开采条件下的开采参数。

5. 全面开展水下采煤

取得成熟的试采经验后，全面开展水下采煤工作，并做好涌水量观测、地表岩移观测等工作。

第六节　综合防治水对策

新安煤田的区域水文地质条件与矿井充水条件存在着比较明显的时间性与空间性差异。水文地质的时空差异性就要求制定的防治水对策具有针对性、适用性，还要随着条件的变化而改变。本章前几节分别针对顶板砂岩水、底板灰岩水、老空水和地表水等不同水害类型阐述了相应的防治水对策，但同一水害类型往往需要综合应用多种措施，同一措施也可以适用于多种水害类型。做好矿井防治水工作，需要统筹考虑矿井各种水害类型，采用综合防治水手段。

新安煤田的综合防治水对策包括健全机构、夯实基础、完善系统、严格管理、配备装备、加强培训、预案管理与科学的技术对策等。本章对健全机构、夯实基础、完善系统、严格管理、配备装备、加强培训、预案管理等防治水对策仅做简要阐述，重点研究新安煤田矿井防治水的技术对策。

健全机构，就是根据矿井防治水工作需要，新安煤田 5 对矿井均应建立专门的防治水机构和专门的探放水作业队伍，配备满

足工作需要的防治水专业技术人员，配备地测（防治水）副总
工程师等。

夯实基础，就是要求新安煤田 5 对矿井做好日常水文地质基
础工作，主要包括建立并及时修正矿井充水性图、矿井涌水量与
各种相关因素动态曲线图、矿井综合水文地质图、矿井综合水文
地质柱状图、矿井水文地质剖面图等图纸，建立并及时修正矿井
涌水量观测成果台账、气象资料台账、地表水文观测成果台账、
钻孔水位与井泉动态观测成果及河流渗漏台账、抽（放）水试
验成果台账、矿井突水点台账、井田地质钻孔综合成果台账、井
下水文地质钻孔成果台账、水质分析成果台账、水源水质受污染
观测资料台账、水源井（孔）资料台账、封孔不良钻孔资料台
账、矿井和周边煤矿采空区相关资料台账、水闸门（墙）观测
资料台账等，及时划分水文地质类型和修编地质报告中相应的水
文地质内容等水文地质基础工作。

完善系统，就是要求新安煤田 5 对矿井科学留设防水煤
（岩）柱，按要求建筑防水闸门（墙），保证防（减）水灾系统
处于完好状态；建立完善的矿井涌水量观测、气象观测、井泉与
河道水文观测、小浪底水库水位观测等水文地质观测系统，维护
好地下水位动态在线实时监测系统；构筑完善可靠的从工作面到
采区再到矿井，或工作面直接到矿井的排水系统；建立完善的煤
层底板注浆改造加固系统等。

严格管理，就是要求新安煤田 5 对矿井严格落实和执行
《煤矿安全规程》《煤矿防治水规定》、河南能源以及义煤公司等
上级部门的有关矿井防治水规程、规定、办法等，在防治水方面
从组织机构、人员配备、基础资料、系统维护、现场施工、装备
设施、技术培训等方面按要求开展工作并实事求是接受上级管理
部门的考核、检查、验收和奖罚等，对查出的防治水方面的问题

按照"五定"原则进行认真整改。

配备装备，就是要求新安煤田 5 对矿井按上级有关规定和工作需要配备防治水方面的装备仪器，包括涌水量测量仪器、地下水位实时监测仪器、必需的物探与钻探装备、注浆设施与管路等。

加强培训，就是要求新安煤田 5 对矿井采用矿内部培训与外部培训相结合、走出去培训与请进来授课培训相结合，课堂理论培训与现场实践培训相结合，不仅要对刚从事防治水工作的新手进行专业技术培训，还要定期对矿上一直从事防治水工作的技术人员、技术工人进行专业技术和操作技能培训，以适用采掘等条件变化和不断的技术进步。

预案管理，制定科学的水灾应急救援预案并认真演练，根据条件变化及时修订完善等。水灾应急救援预案应针对可能出现的水害类型，按照"防范水灾发生，避免人员伤亡，控制水灾范围，减小经济损失，积极组织救援，尽快恢复生产"的原则制定，预案应明确组织体系、机构职责、报告程序、响应分级、联系电话及注意事项等。

新安煤田矿井防治水的技术对策主要有查、评、防、放、排、改、疏、截、堵等，以下分别展开论述。

一、查

查，就是通过野外踏勘、走访调查、测量、水文地质勘探、水文地质试验以及水质分析等，掌握区域地下水的补、径、排条件与矿井充水条件及其规律，主要包括：

1. 野外踏勘

通过野外踏勘，熟悉地层的年代、岩性、厚度、产状、裂隙、富（透）水或隔水性能、地层分界及其与上覆或下伏地层的接触关系，了解小浪底水库蓄水后库区、河道的淤积情况与淹没区域陡坡的滑塌情况，把握井田范围内与周边小煤矿开采区域的塌陷情况，重点察看地下主要含水层奥陶系与寒武系灰岩的岩性、厚度、溶裂隙及其充填情况和灰岩地层在垂向与横向上的变化，观测石井河断层、省磺矿断层、许村—香坊沟断层、F_{28}断层、F_{29}断层、岸上断层等大型断层的出露、产状、展布情况等，了解铝土矿开采等人工活动对地下水补给条件的影响，掌握井田内与周边井泉的分布、取（出）水层位、水位、水量等情况，熟悉新安水文地质单元的边界条件等。

2. 走访调查

通过走访以前的勘探单位，收集前人的勘探资料和科研成果；通过走访以前小煤矿老板、承包人、技术负责人等，了解小煤矿的开采煤层、采掘工艺与范围以及与四邻小煤矿的连通关系；通过走访黄委会、煤田水文地质局等单位，收集借鉴他们对新安水文地质单元的认识成果和建设小浪底水库水利枢纽工程对区域水文地质条件影响的认识成果，掌握小浪底水库的蓄水与泄水计划等；通过走访区域内水井的施工单位或用户，调查水井的施工时间、井孔结构、取水层位、抽水试验与水质分析成果等。

3. 水文地质勘探

水文地质勘探（补勘）的目的是为了查清生产区域或规划（设计）区域的水文地质条件，为生产或设计提供防治水工作依据。水文地质勘探的手段包括井上下物探与钻探等，重点探查容易形成突水灾害的构造薄弱区和疑似富水（积水）区等。

1）井上下物探

井上下物探分为井上地面物探与井下物探。井上物探主要有三维地震勘探和以瞬变电磁为主的电法勘探。在采区设计和工程施工之前，应首先通过地面三维地震勘探和瞬变电磁勘探圈出地质构造薄弱区和顶底板含水层电性低阻的疑似储（富）水区与小煤矿采空区的疑似积水区，并将圈出的地质构造区和电性低阻区作为井下防治水工作的重点区域。井下物探包括直流电法、瞬变电磁、无线电波坑透、地质雷达等电法手段和槽波地震、瑞利波、炮法超前探等震法手段。在井下开掘过程中，应分别采用电法和震法手段探查前方的储（富）水区和断裂构造区，通过钻探验证后为进行注浆改造或修改设计避让提供依据。采煤工作面在回采之前，应采用槽波地震或无线电波坑透等手段探查工作面内部煤厚变化、构造分布等，应用直流电法或瞬变电磁手段探查工作面底板的储（富）水区域，通过钻探验证后为进行注浆改造或留设防水煤柱提供依据。注浆改造区段在注浆结束后还要再次进行电法复探，检查注浆治理效果。

2）井上下钻探

井上下钻探包括地面钻探和井下钻探，目的是探查生产或设计区域的水文地质条件、开掘前方或采煤工作面的水害威胁情况，或验证物探查出来的断裂构造区和疑似储（富）水、积水区等，为防水或放水提供依据和条件。井上（地面）水文地质勘探（补勘）钻孔应布设在物探圈出的构造区或电法低阻区，以提高水文地质勘探的有效性。井下钻探主要是为了建立井下奥灰水位观测孔，验证物探成果，查明开掘头前方可能存在的老空水、断裂构造、储（富）水情况及采煤工作面底板隔水层的隔水性能和灰岩含水层的储（富）水情况等水文地质条件。

为降低施工成本，避免工农关系干扰，提高勘探效率与效果，新安煤田生产矿井今后的水文地质勘探（补勘）钻孔应按照"井下为主，地面为辅"的原则，尽可能设计在井下，充分利用水文地质观测孔、井下水源井、超前探钻孔、物探验证孔和底板注浆钻孔等，做好施工过程中的水文地质观测和资料收集工作，做到一孔多用、综合利用；随着采掘延伸，通过施工水文地质观测孔或利用探查钻孔进行水文地质勘探（补勘）。

4. 水文地质试验

水文地质试验就是通过钻孔进行抽水、放水、注水或压水试验，观测钻孔水压（水位）、水量、水温等的变化规律及恢复情况，了解含水层的裂隙发育、富水性、径流、补给以及含水层之间的水力联系等水文地质情况，计算含水层渗透系数、钻孔单位涌水量与百米降深涌水量等参数，对含水层的储（富）水性、可疏性进行评价，为注浆加固改造提供依据。结合新安煤田实际水文地质条件，常采用的试验有抽水试验和放水试验两种。

1）抽水试验

地面水文地质观测孔或水源井由于水位多低于井（孔）口标高，一般采用抽水试验了解目的含水层的水文地质情况。结合现场和含水层条件，选用稳定流或非稳定流抽水方式。采用稳定流抽水试验时，降深次数应不少于 3 次，相邻两次降深间距应拉开；采用非稳定流抽水试验时，应根据设备能力做最大降深抽水。抽水试验观测由密到疏，有一定规律后可 30 min 观测一次；抽水停止时，应按规范要求进行水位恢复情况观测。抽水试验时，潜水含水层的最大降深应不超过含水层厚度的一半，承压含水层的最大降深时的水位标高应不低于含水层顶界面。抽水试验后期应采取水样进行水质分析。抽水试验时应该严格按规范记录，观测资料应完整保存。抽水试验结束后，应整理相关数据，选用适用公式计算单位涌水量、渗透系数等水文地质参数，绘制井孔结构图、抽水试验相关曲线图，编制水文地质参数计算成果表和水质分析成果表。

2）放水试验

由于含水层的水位一般远高于井下水文地质观测孔或底板灰

岩含水层探查钻孔孔口的标高，水压较高，因此，要了解含水层的水文地质特征，就需要做放水试验。结合以前所施工的奥灰观测孔和探查钻孔，一般可以做全降深（孔口无压）放水试验；当钻孔涌水量较大而排水能力不足时，也可以做与排水能力匹配的小降深（孔口控压）放水试验。做全降深放水试验时，应重点注意观测涌水量的变化；做控压放水试验时，应同时注意观测涌水量和水压的变化。放水试验时，水量、水压、水温等的观测也应按照由密到疏，有规律后再按每 30 min 间隔观测一次。放水试验时间一般应不少于 2 天；若涌水量较快趋于稳定时，达到（似）稳定流观测时间应不少于 8 h；若放水试验中涌水量持续减少或放水暂停后恢复水位明显低于原始水位时，应适当延长放水时间，以正确评价含水层在试验区段的可疏性。较长时间放水时，观测时间间隔可为 1 班或 1 天。放水试验时，应同时观测相邻井上下水文地质观测孔和井下奥灰探查钻孔的水位变化。停止放水时，应观测放水孔和相邻钻孔的水位恢复情况。应采取水文地质观测孔和有代表性的探查孔水样进行水质分析。井下放水试验结束后，也应参照地面抽水试验的要求，整理相关数据，选用适用公式计算单位涌水量、渗透系数、百米降深涌水量等水文地质参数，绘制井孔结构图、抽水试验相关曲线图，编制水文地质参数计算成果表和水质分析成果表。

5. 水质分析

水质分析是分析地下水补径排条件、判定水源的重要手段之一，包括简分析、全分析、专项分析和同位素年龄测定等。拟作生活饮用水源时，应进行水质全分析；为煤矿安全生产服务，进行水质简分析即可。水质简分析的主要项目有：Na^+、K^+、Ca^{2+}、Mg^{2+}、HCO_3^-、CO_3^{2-}、Cl^-、SO_4^{2-} 等阴阳离子含量以及温度、色度、浊度、硬度、矿化度、碱度、pH 值等。

　　新安煤田 5 对矿井应系统性地在丰水期和枯水期分别对煤层顶底板主要含水层、老空水、地表水等进行一次水质监测；当发生水源不清或涌水量较大的突水时，也应采水样进行水质分析；全面底板注浆加固改造底板时，可以只取部分代表性探查钻孔的水样进行水质分析。各矿应建立水质分析台账，及时补充更新水质分析内容，掌握主要水源的水质类型与变化规律，为做好矿井防治水工作积累资料、提供依据。

二、评

　　评，既包括在查的基础上对设计或生产的矿井、采区、采掘场所防治水方面的安全性评价，也包括定期开展的全矿井的防水、排水、水文监测、注浆等防治水系统可靠性、稳定性评价，与井下作业场所的防治水安全性评价，还包括对竣工的防治水工程的安全性评价。评是在相关资料系统分析、现场防治水检查、隐患排查、防治水工程验收的基础上进行的。评既是制定防、放、疏、排、截、堵等防治水对策的依据，也是所实施的防治水对策的安全可靠性检查。

　　针对水文地质探查所开展的野外踏勘、走访调查、物探、钻探、抽放水试验和水质分析等工作结束后，应综合分析研究相关资料，对探查区域的水害风险做出评价。对于老空水，既要描述积水范围、水位（水压）、积水量等，也要分析其受补给（动储量）情况等；对于底板灰岩水，既要圈出奥灰含水层的疑似储（富）水区，也要分析其径流条件、接受区域外补给情况等；对于地表水，除了描述水体范围及其变化、煤层上覆岩性及其组合关系、构造、钻孔等情况外，还要计算最大采高条件下最大导裂高度，剩余防水岩柱厚度等；对于顶板砂岩水，需要圈出疑似储（富）水区，计算采后导裂发育高度并预计冒裂所导通的全部砂岩含水层，估算涌水量等。根据分析结果，提出防治水对策建议。

新安煤田 5 对矿井应结合年度、季度、月度水情水害预报，每周开展防治水检查和隐患排查等，对全矿井的防水、排水、水文监测、注浆等防治水系统的可靠性、稳定性进行评价，对井下作业场所的水害威胁程度进行评估。防治水工程结束后，也应及时开展质量安全性评价，做到一工程一评价。

三、防

防，主要是指通过合理留设防水煤（岩）柱、隔离煤（岩）柱，或者建筑防水闸门、防水（闸）墙等防水设施，形成完善可靠的防水系统，预防水灾发生或在水灾发生后通过及时启用防水闸门等设施迅速控制水灾范围，最大限度地减轻水灾危害。新安煤田 5 对矿井主要应做好以下防水工作：

1. 防水煤（岩）柱

新安煤田 5 对矿井需要留设防水煤（岩）柱的区域包括：与二$_1$ 煤浅部小煤矿采空区积水相邻区域、水库与七$_2$ 煤采空区下的开采区域、新安煤矿 11 上山采区积水区周边、矿井之间、采区之间、水平之间以及较大的断层、水文地质观测孔、封闭不良钻孔等。

新安煤田开发历史久远，煤层浅部曾存在各个历史时期的小煤窑（矿）数千个，主要开采二叠系山西组二$_1$ 煤，也有少量开采二叠系上石盒子组七$_2$ 煤。针对二$_1$ 煤的小煤窑（矿）采空区积水，鉴于其静储量较大，补给较充足，难以疏放，应在煤田浅部留设足够的防水煤柱，并加固薄弱的防水煤（岩）柱，以确保矿井安全。在小浪底水库下或七$_2$ 煤小窑积水区下采煤时，应留设防水岩柱，避免导水裂隙直接沟通上覆水体或由于防水煤柱留设不足而致水库水和小窑水灌渗入井下。较大的断层、有充分补给的封闭不良钻孔、井上下水文地质观测孔以及注浆改造难以治理的奥灰含水层强径流条带等，也应留设防水（保护）煤柱。根据实际水文地质条件，矿井之间、采区之间、水平之间也应当留设合理的防水（隔离）煤柱。

2. 防水闸门（墙）

新安煤田 5 对矿井虽处于同一煤田、同一水文地质单元，但由于空间位置差异，水害类型与特征仍存在较明显的差别。新安煤矿矿井水文地质类型为极复杂，孟津煤矿为复杂，其余 3 对矿井均为中等。按照《煤矿防治水规定》第六十六条："水文地质条件复杂、极复杂矿井应当在井底车场周围设置防水闸门，或者在正常排水系统基础上安装配备排水能力不小于矿井最大涌水量的潜水电泵排水系统。"新安煤矿在井底车场两侧分别建筑有防水闸门，个别采区也建有采区隔离防水闸门；针对浅部小煤矿采空区积水的集中通道，11 采区轨道上山、皮带上山、11120 工作面下巷、13 采区总回风巷、14 采区进风斜井下段东侧等关键位置建筑了防水（闸）墙。孟津煤矿安装了排水能力大于矿井最大涌水量的潜水电泵排水系统。应做好防水闸门、防水（闸）墙的日常维护、监测、试验等工作，确保防水设施处于良好状态。

四、放

放，就是在查明采掘工作面前方、侧帮、上下相邻煤层采空区积水等可能造成水灾事故的水体基础上，利用钻孔等措施将水体有计划安全引出。放水措施主要针对矿井自己的采空区积水。当采掘工作面接近相邻采空区积水时，只要存在老空水透入的可能，就必须采取放水措施，确保施工安全与放水彻底。

五、排

排，就是通过水仓、沟渠、水泵、水管等设施与设备将采掘场所的各种形式涌水导出工作面、采区或矿井的过程，是保持矿井正常生产、安全生产和水灾治理的一种重要防治水措施。新安煤田煤层厚度变化大，底板起伏不平，给工作面防治水带来困难。目前，新安煤田5对矿井、采区均配备有完善的排水系统，这里，重点介绍采煤工作面的排水技术对策。

1. 创造自然疏水条件

采煤工作面从设计开始就着手充分考虑排水，走向采煤工作面尽可能设计为伪俯斜布置形式，主排水阵地设计在下巷（运输巷）。走向工作面上、下巷（特别是下巷）自外向里尽可能实现连续正坡度掘进，避免上下起伏形成"V"字形巷道，为自然疏水创造条件，同时可避免突水后巷道低凹处积水而引起风流断路。在巷道内挖掘水沟，对水沟进行铺槽或砌碹，并做好维护，将工作面涌水归入水沟，避免满巷道淌水，为正常生产和行人创造良好的工作环境和条件。俯采工作面宜采用水沟自然疏水的方式向外排水。

2. 充分利用底抽巷

结合新安煤田煤与瓦斯突出区域瓦斯治理工程，充分利用底板抽排瓦斯巷排水。可以在施工抽放瓦斯钻孔时就考虑"一孔两用"，既满足抽放瓦斯、治理瓦斯的需要，也同时兼顾回采时工作面涌水导入底抽巷进行集中疏排水的需要；也可以在工作面回采过程中，根据巷道、煤层底板的起伏情况，专门补充施工排水孔，将涌水导入底抽巷。

3. 足够的排水能力

在编制回采地质说明书时，应综合分析顶底板岩性、顶板导裂高度、底板破坏深度、物探异常区分布、底板探查孔资料、底板注浆治理情况、相邻工作面的涌水量等，科学预测采煤工作面最大涌水量，并建设排水能力与预测的最大涌水量相匹配的完善的排水系统，包括工作面水仓（环形或卧底式主水仓、局部水仓、临时小水仓等）、水泵、排水管道或水沟等，也包括与排水能力相匹配的双回路供电系统。

4. 排供结合

新安煤田矿井工业广场，包括新安煤矿的生活区，均远离县城，建有独立的供水系统。为更好地保护环境，发展循环经济，节能降耗，对矿井排水进行净化处理，可满足煤矿地面绿化、景观、建筑、洗煤厂以及井下喷雾除尘、注浆等不同用水需求。

六、改

改，是指新安煤田矿井治理煤层底板、预防奥灰承压含水层突水的一种手段，也就是通过注浆充填改造，使得底板隔水层得到加固或加厚，从而增强其阻隔水性能，提高其抗水压能力；断裂构造进行"缝合"，失去导水作用，从而避免奥灰突水，实现安全带压开采。新安煤田 5 对矿井现在大部分采掘区域煤层底板承受水压在 3.0 MPa 以上，突水系数接近或超过 0.06 MPa/m，局部区域已达到 0.1 MPa/m 左右，属于突水风险区或突水区，在不能有效降低水压的条件下，若不对底板隔水层进行注浆加固或加厚，就存在奥灰突水危险。

底板注浆改造，主要目的就是"改"，即通过注浆等措施，改变含、隔水层的性能，也就是通过注浆使底板隔水层薄弱区段得到加固而提高其阻隔水性能；隔水层厚度不足区域，将奥灰含水层顶（上）段改造成隔水层，使底板隔水层得到加厚而共同阻隔高压奥灰水；断裂构造得以"缝合"不再是导水通道，失去导水作用。

七、疏

疏，就是通过钻孔、采后导水裂隙、所揭露的断裂构造等人工或自然通道将含水层水由人为或自然方式导出，使得含水层水压降低甚至无压，从而解除水害威胁。

1. 顶板水的疏干

新安煤田煤层上覆岩层以泥、砂岩互层为主。煤层顶板虽然自下而上分布有大占砂岩、香炭砂岩等多层砂岩含水层，但这些砂岩含水层一般富水性弱且极不均匀，仅局部存在较强的富水条带，补给条件又差，以静储量水为主，加之被泥岩或砂质泥岩等隔水层分隔，相互之间水力联系微弱，因此，新安煤田顶板水可以采用疏干的方式进行防治。由于钻孔揭穿裂隙毕竟有限，超前疏放顶板砂岩水效果欠佳，可以直接利用采煤工作面采后导水裂隙进行疏干。矿井（采区）的首采工作面或四周没有采空区的采煤工作面是顶板水疏干（试验）的重点，疏干时需要做好排水工作。

2. 太灰水的疏放

新安煤田太原组灰岩含水层一般溶裂隙不发育、连通性差、与奥陶系灰岩含水层之间缺乏水力联系、补给不足、以静储量为主且有限，可以采用疏放措施进行防治。太原组灰岩由上、下两段组成，上段灰岩距煤层一般不足 15 m，处于工作面采后底板破坏范围内，上段灰岩水能够直接沿采后底板破坏所形成的导水裂隙涌出，对采掘安全不构成威胁；下段灰岩水在采后底板破坏较深的区段也可随人工导水通道涌出，也可随探查钻孔释放。

3. 断层水的疏放

探查钻孔揭露（穿）含水断层后，应该进行放水试验，若涌水量衰减、水压下降较快，或暂停放水后水位恢复缓慢，则宜对断层水进行持续疏放，通过疏干治理来消除水灾威胁。疏干后，应对断层带裂隙进行注浆充填，以避免断层带再次充水或活化充水重新构成水害威胁。

4. 奥灰水的疏降

新安煤田奥陶系灰岩含水层富水性强且极不均匀；厚度达数百米且与下伏寒武系灰岩含水层间水力联系较为密切；露头区灰岩（包括奥灰与寒灰）出露较广，面积达 108 km^2，能够得到较充足的大气降水补给；小浪底水库蓄水后又得到水库水的间歇性补给，故其静储量较大，补给也相对充足。因此，从整体来看，奥灰水疏降难度较大。但是奥灰含水层的富水性、径流条件在空间上存在较大的差异性，部分区域，特别是深部区域处于弱径流区或滞流区，与区域外的水力联系微弱，补给不足，存在疏降的可能。

结合奥灰长观孔水位动态资料、地下水流场在生产前后的变化、水质分析与地下水同位素年龄测定等资料，综合研判，新义煤矿现采掘区域的大部分、义安井田的深部、甚至孟津煤矿的部分区域等存在疏降的可能性，应大胆尝试采用疏降措施治理奥灰水。在可疏降区域，通过长期疏水降压，大幅度降低底板承受的奥灰水压，实现"降压开采""低压开采""安全带压开采"，甚至"无压开采"。不具备疏降条件的区域，随着奥灰含水层注浆治理工程的推进，径流带上、下游截流，与外部区域的水力联系隔断或减弱后，也将可能具备疏降条件，实现"降压开采"等。

5. 疏供结合

奥灰水水质优良，完全满足生活饮用水的水质要求，是优质的生活水源。因此，针对矿区生活用水困难现状，可以通过建筑专用水仓、铺设专用管路等方法，将奥灰水的疏降与矿区生活用水相结合，在疏水降压服务矿井安全生产的同时，为矿区提供生活用水。

八、截

截，既是区域治理措施，也是局部防治手段。

1. 地表截流

地表截流主要包括奥灰、寒灰的露头区与其小浪底水库的间歇淹没区溶孔（洞）封堵，煤田浅部地裂缝充填与河道的疏浚等，目的是截断大气降水、地表水对矿井的直接充水作用及其对矿井充水含水层的水源补给，新安煤田岩溶含水层的可疏性决定了通过地表截流减少地下水补给的必要性。通过治理地表岩溶含水层露头区重点地段，减少大气降水、水库水的补给，可以减少疏水量，降低疏水难度，提高疏水降压效果。

2. 地下截流

新安煤田奥灰含水层富水性极不均匀，受构造与古时期侵蚀基准面控制，溶裂隙发育有一定的规律，奥灰水运动主要集中在径流带上，地下水的径流有一定的方向性和规律性。在径流带上，特别是主（强）径流带上，奥灰水富水性强、运移快、补给充足；而在径流弱的区域，富水性不强、补给不足、地下水流动滞缓。如果通过物探、钻探、放水试验等，若能够圈出地下水径流条带，通过注浆（骨料）截流在径流带上形成单一或多个"人工坝体"，隔断或减弱区域内外的水力联系，使一定区域内形成（相对）静水环境，再对相对封闭的"坝体"内区域的地下水进行疏泄，降低底板承受的水压，为"安全带压开采"创造条件。

九、堵

堵，既是水灾事故前的预防性措施，也是水灾事故后的主要治理手段。堵，主要是使用注浆等方式对裂隙、溶隙、溶孔、溶洞等进行充填、封闭。通过事前堵，可以起到"改"的作用，即通过提高隔水层（段）的阻隔水性能或将含水层改变成隔水层达到隔水层有效加固或加厚的效果，预防突水事故发生或减少涌水量。奥灰含水层静储量丰富、补给相对充足，一旦突水往往涌水量较大、衰减较慢，一般需要封堵治理。

十、防治水工作路线

做好新安煤田矿井的防治水工作，应在健全机构、夯实基础、完善系统、严格管理、配备装备、加强培训、加强水灾预案管理等的基础上，按下列步骤、着重做好以下几个方面：

1. 查

首先通过野外踏勘、调查走访、水文地质勘探（物探、钻探等）、水文地质试验（抽水、放水、压水、注水试验等）、水质分析等手段查明水文地质条件。查明采掘区域的水文地质条件是开展矿井防治水工作的基础。

2. 评

根据探查成果，对采掘场所的水文地质条件做出正确评价。科学的评价结论是具体制定防、放、改、截、排、疏、堵等防治措施的依据。

3. 技术对策

依据评价结果，制定针对性的防、放、改、截、排、疏、堵等单一或综合防治水措施，并随着条件的改变而调整完善。

4. 复查

　　防治水工程结束后，应采用物探、钻探等方法对其质量进行抽查、复查，检查是否仍然存在水灾隐患。

5. 复评

　　若没有达到预期效果，仍然存在水灾隐患，就必须增加工程

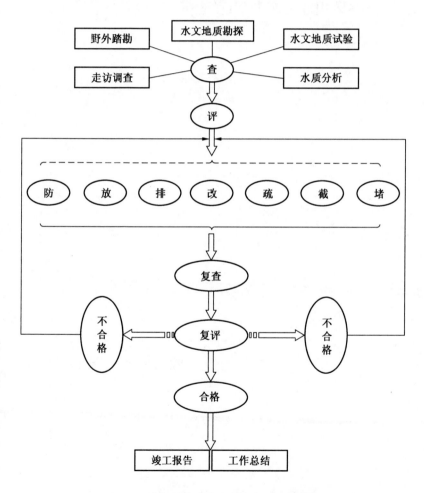

图 5 - 24　新安煤田矿井防治水工作路线图

或修改设计，重新施工，直到符合设计要求，评价合格。

6. 竣工验收

竣工验收合格后，应当提交防治水工程竣工报告、工作总结等。

新安煤田矿井防治水工作路线如图 5 – 24 所示。

第六章　主要认识与结论

一、基础认识

1. 区域水文地质条件

新安水文地质单元，西北以元古界石英砂岩为界，西南以岸上断层与西部义马水文地质单元为邻，东南以新安向斜轴部为限，东北止于石井河断层，形成了相对独立完整的水文地质单元，面积约 800 km²。灰岩含水层（包括奥陶系灰岩含水层与寒武系灰岩含水层）富水性强而极不均匀，是新安水文地质单元的主要含水层。小浪底水库蓄水之前，其在西北灰岩露头区接受大气降水补给，然后沿地层倾向由西北向东南方向径流，运移至东南深部滞流区后转向东北方向，最后排泄于黄河。二叠系、三叠系发育有多层砂岩裂隙承压含水层，富水性均较弱且相互间缺乏水力联系，仅平顶山砂岩含水层有一定的供水意义。第四系松散潜水含水层富水性多为中等，受大气降水及地表水影响明显，呈现季节性变化特征；受地形条件控制，由高水位向低水位方向径流，并在坡底等形成下降泉，在低凹、河床地带等分布有零星农用水井。新安水文地质单元的水文地质特性随空间变化存在比较明显的差异。

2. 新安煤田煤炭资源与构造

新安煤田位于新安水文地质单元，主要可采煤层为二叠系山西组二₁煤，煤种以贫煤、瘦煤为主，煤层厚度 0～18.9 m，平均 4.4 m，结构简单，发热量较高。煤田整体呈单斜构造，走向长度 35 km，由西北煤层露头区沿地层倾向向东南延伸超过 25 km，包括浅部小煤矿已开采区域，现生产矿井新安、孟津、义安、新义、云顶等井田，五头勘探区及其深部区域，狂口预测区，煤窑沟预测区等面积超过 700 km^2，煤炭资源超过 40 亿 t。5 对生产煤矿井田面积合计约 200 km^2，剩余煤炭资源 7 亿多吨。新安煤田的构造分布存在比较明显的空间差异性。东部区域构造发育，自东向西分布有：石井河断层、省碮矿断层、F_{18} 断层、F_{11} 断层、许村—香坊沟断层、F_{28} 断层以及 F_{29} 断层、马屯断层等多条大型断层；而中西部断层稀少、构造简单；紧邻岸上断层的煤田西端中、小型构造也较发育。

3. 小煤矿（窑）

小煤矿（窑）在新安煤田历史久远，各个历史时期累计达数千个，主要开采二叠系山西组二$_1$煤与上石盒子组七$_2$煤，小煤矿采空区主要形成于 20 世纪八九十年代。二$_1$煤采空区主要分布在煤田浅部，面积约 30 km^2，采深一般不足 200 m，个别区段采深超过 350 m。七$_2$煤采空区主要分布在该煤层的埋藏浅部且赋存条件较好的地段，面积约 10.4 km^2，远小于二$_1$煤采空区。小煤矿之间不存在防水隔离煤柱或隔离煤柱不完整，相互之间直接或间接串通；但由于受石寺镇和新安煤矿工业广场煤柱阻隔，煤田东、西部之间小煤矿采空区没有沟通。小煤矿及其采空区分布存在空间差异性。

4. 地表水体

小浪底水库设计最高蓄水标高 +275 m，库区面积 296 km^2，总库容 126.5 亿 m^3，有效库容 51 亿 m^3，死库容 76 亿 m^3，调水调沙库容 10.5 亿 m^3。当小浪底水库蓄水至设计最高水位时，将淹没新安煤田约 49.5 km^2，其中，淹没新安井田 12.5 km^2、义安井田 0.1 km^2、孟津井田 3.5 km^2，合计 16.1 km^2。小浪底水库蓄水后，区域水文地质条件发生了一定改变，使得地下水的排泄出口上移，下游与排泄端奥灰水位随之有所升高；并伴随小浪底水库水位的升降，原来的排泄出口间歇性成为地下水的补给通道继而再恢复为排泄出口；但大气降水仍是地下水的主要补给水源，地下水的总体补径排条件尚没有发生根本性变化。水库蓄水后，由于东部数十个小煤矿井口位于淹没区内，使得小煤矿采空区可以得到小浪底水库的充分补给。水库水对其他含水层也在侧向或垂向上起补给作用。开采后，随着矿井长期疏水，地下水流场已发生重大改变，人工取水与矿坑疏水也已成为地下水的重要排泄方式。小浪底水库蓄水前后，区域水文地质条件存在一定程度的时间性差异。

5. 水害特征

新安煤田存在顶底板含水层水、地表水、小窑水等多种矿井水害类型。不同水害类型水文地质特征差别很大，同一水害类型受水库蓄水、开采、位置变化等的影响，也会存在明显的时空差异。

（1）顶板砂岩水。顶板砂岩水主要包括大占砂岩、香炭砂岩、冯家沟砂岩等裂隙承压含水层是矿井的直接充水含水层，其富水较弱、补给不足，相互间缺乏水力联系、易于疏干。

（2）底板太灰水。太原组灰砂岩含水层也是矿井的直接充水含水层，其厚度小、富水较弱、补给有限、易于疏降。

（3）奥灰水。奥陶系灰岩含水层（包含寒武系灰岩含水层）厚度大、富水性强而不均、补给充沛，一般不对矿井充水，一旦突水则往往涌水量巨大，难以治理，有可能造成淹井灾害，是威胁矿井安全的主要水害威胁。构造、富水性、径流、水压等条件不同，奥灰水威胁程度存在差异；小浪底水库蓄水后，地下水下游段水位随水库季节性上升，奥灰突水风险增加，奥灰水威胁程度在蓄水前后存在一定差异；随着矿井长期疏取水，奥灰水流场已发生重大变化。因此，奥灰水威胁程度存在较大的时空差异。

（4）老空水。新安煤田 5 对矿井自身的老空水位置清楚、易于治理（除新安煤矿 11 上山采区积水外）；$七_2$ 煤小窑水（小煤矿老空水）以静储量为主，距$二_1$煤间距较大，对$二_1$煤层开采影响较小；$二_1$煤小煤矿采空区由于受石寺镇与新安煤矿工业广场煤柱阻隔，东、西部小煤矿采空区之间没有沟通；小浪底水库蓄水后，东部小窑水得到水库水的充分补给，而西部与水库没有水力联系，以静储量为主。因此，不同的煤层、区域老空水以及在水库蓄水前后，其危害风险存在明显的时空差异。

二、区域水文地质条件的时空差异

1. 地表水

小浪底水库蓄水前，新安煤田区域内几乎不存在常年性地表水体，仅发育有畛河、石寺河、北冶河、涧河等数条季节性河流，黄河在其东北侧流过；蓄水后，水库最大淹没区面积 296 km^2，形成大型地表水体，势必对当地气候、生态、地下水的补径排条件等造成重大影响。水库水位随蓄、泄水呈现季节性变化；随着水库持续运行，库底淤积层增加，逐步达到设计死库容 76 亿 m^3。

2. 岩溶水时空差异

岩溶水系统补径排条件在小浪底水库蓄水前后与煤炭开采前后均有所变化，其富水性、径流条件等存在明显的空间差异。

（1）区域内灰岩含水层溶、裂隙呈各向异性、发育极不均匀；受构造与古时期、现代侵蚀基准面控制，岩溶水径流通道相对集中，径流区域富水性强，而远离区域富水趋弱。根据补、径、排条件以及径流的强弱，新安水文地质单元可以划分为大气降水补给区、顺层径流区、折向汇流区、缓流滞流区与排泄区。

（2）小浪底水库蓄水前，岩溶水在西北灰岩露头区接受大气降水补给，然后沿地层倾向由西北向东南方向径流，运移至东南深部滞流区后转向东北方向，最后排泄至黄河。蓄水后，地下水的排泄出口上移，下游与排泄端奥灰水位有所升高，并伴随水库水位的季节性升降，原来的排泄出口交替成为地下水的补给通道与排泄出口，水库水间歇性对岩溶水起补给作用。

（3）开采前，岩溶水流场稳定，存在统一水位，岩溶水主要靠自然排泄方式注向黄河。开采后，随着矿坑疏水以及人工取水，岩溶水流场已发生重大改变。太灰水在采掘区域已被大幅度疏降，奥灰水在生产矿井的采掘区域已形成了程度不同的降落漏斗，新义、义安两矿的现生产区域的降落漏斗尤为明显，人工疏水已是太灰水的主要排泄方式，是奥灰水非常重要的排泄方式。

3. 砂岩水

砂岩裂隙水呈各向异性、富水性极不均匀的特点。小浪底水库蓄水后，地表水仅在淹没的露头区对砂岩裂隙含水层起补给作用，但由于其富水性弱、径流缓慢，补给作用增加有限；且随着淤积层形成以及砂岩裂隙被风化充填，地表水补给作用趋弱。开采后，导水裂缝带所波及的砂岩含水层在采掘区域内及周边逐渐被疏干，人工疏水已成为其主要排泄方式。

4. 潜水

第四系松散层潜水含水层的时空差异主要表现在水库水位以下能够得到地表水充分补给，水位与水库水保持一致并随之变化。开采对潜水的影响主要集中在煤田浅部采后导水裂隙所波及的区域，矿坑疏水曾是煤田浅部潜水的主要排泄方式。随着浅部小煤矿的停产报废，潜水原有的补给排泄条件已逐步恢复。

5. 小窑水

小窑水集中分布在各时期小煤矿采空区内，小浪底水库蓄水后，在煤田东部区域由于众多小煤矿井口位于淹没区内，可以得到地表水充分补给。其他区域小窑水在小煤矿停产后一定时期内积水量逐渐增加，之后趋于稳定；在排水条件下也可保持相对稳定或下降。

三、矿井充水条件的时空差异

正是由于区域水文地质条件存在的时空差异，造成了矿井充水条件也表现出比较明显的时空差异。

1. 地表水

小浪底水库蓄水前，新安煤田几乎不存在常年水体下采煤问题；蓄水后，大型水体下采煤成为该区域被关注的重大技术问题。在水库下及周边区域开采时，遇煤层厚度大、封闭不良钻孔、中大型断层、顶板岩性不利等条件时，若防治措施失当，就可能造成地表水渗入甚至溃入矿井。随着库底淤积层形成，泥沙淤积物有利于阻隔地表水下渗，逐渐有利于水下采煤。

2. 岩溶水

小浪底水库蓄水后，在地下水径流下游（主要在新安煤矿东翼、孟津煤矿浅部）奥灰水位有所抬升，突水风险有所增加。太原组灰岩水是矿井的直接充水因素，在开采区域已经被大幅疏降。奥灰水是矿井安全的主要威胁因素，在其径流区域，断裂构造带突水风险大；随着采掘延深，底板承受水压增加，奥灰突水风险加大；现采掘区域已不同程度疏降，突水风险也不同程度有所减小。

3. 砂岩水

小浪底水库蓄水后，砂岩裂隙水由于受地表水、小窑水的补给，其充水作用有所加强。砂岩水在其富水条带采后导裂沟通，在重力作用下涌入采掘场所，对生产影响较大；在富水弱的区域，对采掘影响较小或没有影响；矿井、采区首采工作面或四周没有开采的独立工作面，顶板水威胁可能较大，被相邻工作面疏干后采掘工作面顶板水威胁明显减弱。

4. 小窑水

小浪底水库蓄水前，小窑水补给有限，能够被疏放；蓄水后，煤田东部受水库水充分补给，无法疏放。二$_1$煤小窑水对大矿的充水作用与威胁主要集中在煤田浅部的大矿井田边界区段，是矿井防治水的关键。七$_2$煤小窑水由于距二$_1$煤层在 350 m 以上，区域煤厚最厚不超过 10 m，采后顶板保护岩柱厚度在 200 m 以上，对矿井生产影响较小。

5. 潜水

潜水对煤矿的充水作用主要集中在煤田浅部，采后导裂可以沟通第四系松散层的区段，呈季节性变化，雨季充水作用增强。小浪底水库蓄水后，淹没区及其周边水库水位以下的区域，潜水的充水作用与地表水相似，遇煤层厚度大、封闭不良钻孔、中大型断层、顶板岩性不利等条件时，若防治措施失当，也可能造成第四系潜水渗入甚至溃入矿井。

四、矿井主要防治水对策

不同水害类型的充水作用不同，并随着采掘场所变化、小浪底水库蓄水前后以及开采前后存在时空差异。正是矿井充水作用的时空差异，决定了矿井防治水对策的不同。防治水对策需要随矿井充水条件的时空变化而科学制定并调整。

（一）地表水

新安煤田二$_1$煤层顶板以泥、砂岩互层为主，泥岩、泥质砂岩等软岩隔水层厚度占比在 50% 以上；顶板岩石中含有较高比例的高岭土、蒙脱石等黏土矿物，利于导水裂隙的修复；间歇淹没区面积达 12.7 km², 占淹没区面积的 79%; 淹没区煤层埋藏深度一般超过 200 m; 淹没区煤层厚度平均 4.4 m, 超过 10 m 煤厚的煤炭资源不足 700 万 t。这些都是开展水下采煤的有利因素。

水库下采煤应按程序开展试采, 首先安排在煤层较薄的间歇淹没区, 期间, 需做好岩移、井下水文地质等观测工作; 试采取得成功后, 再向煤层较厚的间歇淹没区、常年淹没区全面展开。水下采煤主要防治水对策是防, 即留设足够的防水煤 (岩) 柱, 具体包括控制采高、"迟后开采"、一面一策、避开断层、避开或处理封闭不良钻孔、加强排水等。淹没区及周边, 第四系潜水与地表水联系十分密切, 其防治与地表水一致, 应一并考虑。

(二) 岩溶水

1. 太灰水

太原组灰砂岩含水层富水性弱、补给不足, 可以利用采后底板破坏裂隙直接疏降, 加强排水即可。

2. 奥灰水

不同场所煤层底板完整性差异、承受水压差异、径流条件的不同以及小浪底水库蓄水前后、采掘前后奥灰含水层水文地质特征的差异, 就需要针对性地制定不同的防治对策, 主要有底板注浆改造、疏水降压、突水封堵、防水煤柱和加强排水等。

(1) 注浆改造。注浆改造就是对底板区段进行加固, 对厚度不足区域进行加厚, 对断裂构造进行"缝裂", 对径流通道进行截流分隔, 即: 在奥灰突水风险区, 对底板完整性差的区段进行加固以提高其阻隔水性能; 在突水区, 注浆充填奥灰风化壳裂隙并同时加固底板原隔水层以加厚有效隔水层; 在断裂构造带, 注浆缝合其裂隙使其失去导水性能, 从而避免奥灰突水。在径流条带, 注浆截流形成"人工坝体"隔绝或减弱坝体内外水力联系, 为开展疏水降压创造条件。

（2）疏水降压。对与外部水力联系较弱、补给不足的弱径流或滞流区域应大胆采用疏水降压措施，由"高压开采""不安全带压开采"逐渐转变为"低压开采""安全带压开采"，甚至"不带压开采"。对截流区段，若区段内外水力联系失去或明显减弱，也可大胆尝试疏水降压措施。

（3）防水煤柱。对径流条件极好、难以注浆治理的区段以及中大型导水断层，可以通过留设防水煤柱避让，确保不发生突水事故。

（4）其他措施。包括突水封堵治理、加强矿井排水、疏供结合、疏排结合等。

（三）砂岩水

顶板砂岩裂隙水以采后自然疏干为主。矿井、采区首采工作面或四周没有开采的孤单工作面是顶板砂岩水疏干的重点，应加强工作面的防排水工作。

（四）小窑水

二$_1$煤东部小窑水由于补给充足，与其相邻区段必须留设足够的防水煤柱以绝对避免发生溃入事故。二$_1$煤西部小窑水由于补给相对不足，可以采用留设防水煤柱或综合应用留设防水煤柱与地面排水减压相结合的措施，也可以等小煤矿采空区稳定后，小窑水补给明显不足时，通过地面的排与井下的放相结合，彻底疏泄小窑水威胁，最终解放防水煤柱资源。七$_2$煤小窑水对二$_1$煤层开采影响较小。在其下部及邻近周边开采二$_1$煤层时，应避开断层、避开或处理封闭不良钻孔等。

（五）防治水对策的综合应用

新安煤田矿井综合防治水对策包括在健全机构、夯实基础、完善系统、严格管理、配备装备、加强培训、加强水灾预案管理等的基础上，综合采用"查、评、防、放、改、截、排、疏、堵"等措施。在查明水文地质条件的基础上，开展水文地质条件评价；以水文地质条件科学评价成果为依据，针对性地制定"防、放、改、截、排、疏、堵"等单一或综合防治水措施。防治水工程竣工后，还应进行复查、复评；若评价不合格，还应制定措施补充工作量或重新施工，直至评价合格。评价合格后，应提交竣工报告或工作总结。

参 考 文 献

［1］武强，李周尧．矿井水灾防治［M］．徐州：中国矿业大学出版社，2002．

［2］武强，董书宁，张志龙．矿井水害防治［M］．徐州：中国矿业大学出版社，2007．

［3］冯国军，吴文鹏，冯鹏和．浅谈煤矿"五大自然灾害"的危害及预防［J］．陕西煤炭，2010，29（6）：98－99．

［4］左治兴，朱必勇，易斌，等．煤矿灾害及安全管理综合评价［J］．工业安全与环保，2006，32（8）：52－54．

［5］武强，赵苏启，董书宁，等．煤矿防治水手册［M］．北京：煤炭工业出版社，2013．

［6］葛亮涛，叶贵军，高洪烈．中国煤田水文地质学［M］．北京：煤炭工业出版社，2001．

［7］王永红，沈文．中国煤矿水害预防及治理［M］．北京：煤炭工业出版社，1996．

［8］王双美．导水裂隙带高度研究方法概述［J］．水文地质工程地质，2006，33（5）：126－128．

［9］翟二安，李松营．铁生沟煤矿采煤工作面顶板出水特征与防治［J］．煤炭技术，2005，24（10）：65－65．

［10］翟二安，李松营，范文润，等．跃进煤矿25030工作面突水原因分析［J］．中州煤炭，2004，129（3）：65－66．

［11］Qiang Wu，Li Ting Xing，Chunhe Ye，et al. The influences of coal mining on the large karst springs in North China［J］．Environmental Earth Sciences，2011，64（6）：1513－1523．

［12］赵铁锤．全国煤矿典型水害案例与防治技术［M］．徐州：中国矿业大学出版社，2006．

［13］李松营，杜毅敏，王学法．新安煤矿12161工作面突水灾害分析［J］．中州煤炭，1999，99（3）：39，46．

［14］李松营. 应用动水注浆技术封堵矿井特大突水［J］. 煤炭科学技术，2000，28（8）：28－30.

［15］李松营，杜毅敏，孙晓震，等. 矿井小煤窑水害及其防治［J］. 焦作工学院学报，2003，92（3）：184－186.

［16］李建新，李松营，曹焕举. 矿井水文地质条件复杂化分析［J］. 能源技术与管理，2006，107（1）：37－39.

［17］李松营. 曹窑东井27080工作面非断层大型奥灰突水分析［J］. 煤炭科学技术，2008，36（9）：84－86.

［18］李松营. 华兴公司煤矿特大型突水治理方案优化［J］. 河南理工大学学报，2010，29（5）：572－575.

［19］李松营，李书文. 综合物探的奥陶系灰岩突水预警技术［J］. 河南理工大学学报，2013，32（5）：552－555.

［20］李松营，罗平平. 分形插值不规则断层的浆液扩散规律研究［J］. 河南理工大学学报，2014，36（1）：126－131.

［21］李松营，武强，滕吉文，等，等新安矿13151工作面煤壁侧底板突水分析［J］. 中国煤炭，2015，41（6）：40－43.

［22］Marinelli F，Niccoli W L. Simple analytical equations for estimating ground water in flow to a mine pit［J］. Ground water，2000，38（2）：311－314.

［23］Bouw P C，Morton K L. Calculation of mine water in flow using interactively a groundwater model and an inflow model［J］. International Journal of Mine Water，1987，6（3）：31－50.

［24］薛禹群. 地下水动力学（第二版）［M］. 北京：地质出版社，1997.

［25］房佩贤，等. 专门水文地质学［M］. 北京：地质出版社，1987.

［26］殷黎明，杨春和，王贵宾，等. 地应力对裂隙岩体渗流特性影响的研究［J］. 岩石力学与工程学报，2005，24（17）：3071－3075.

［27］田开铭，万力. 各向异性裂隙介质渗透性的研究与评价［M］. 北京：学苑出版社，1989.

［28］李俊亭，王俞吉. 水文地质手册［Z］. 北京：地质出版社，1988.

[29] 中国煤田地质总局. 中国煤田水文地质学 [M]. 北京: 煤炭工业出版社, 2000.

[30] 钱鸣高, 缪协兴, 许家林. 岩层控制中的关键层理论研究 [J]. 煤炭学报, 1996, 21 (3): 225-230.

[31] Xu Jia Lin, Qian Ming Gao. Study and application of mining–induced fracture distribution in green mining [J]. Journal of China University of Mining and Technology, 2004, 33 (2): 141-144.

[32] 武强, 黄晓玲, 董东林, 等. 评价煤层顶板涌 (突) 水条件的 "三图—双预测法" [J]. 煤炭学报, 2000, 25 (1): 60-65.

[33] 武强, 江中云, 孙东云, 等. 东欢坨矿顶板涌水条件与工作面水量动态预测 [J]. 煤田地质与勘探, 2000, 12, 28 (6): 32-35.

[34] 徐连利. 平朔一号井工矿顶板水害评价方法与应用研究 [D]. 北京: 中国矿业大学, 2010.

[35] 段水云. 煤层底板突水系数计算公式的探讨 [J]. 水文地质工程地质, 2003, 30 (1): 97-101.

[36] 张金才. 煤层底板突水预测的理论与实践 [J]. 煤田地质与勘探, 1989, (4): 38-41.

[37] 李白英, 沈光寒, 荆自刚, 等. 预防采掘工作面底板突水的理论与实践 [J]//第二十二届国际采矿安全会议论文集. 北京: 煤炭工业出版社, 1987.

[38] 李白英. 预防矿井底板突水的 "下三带" 理论及其发展与应用 [J]. 山东矿业学院学报 (自然科学版), 1999, 18 (4): 11-18.

[39] Han Jin, SHI Long qing, YU Xiao ge, et al. Mechanism of mine water–inrush through a fault from the floor [J]. Mining Science and Technology, 2009 (19): 276-281.

[40] 王经明. 承压水沿煤层底板递进导升突水机理的模拟和观测 [J]. 岩土工程学报, 1999, 21 (5): 546-549.

[41] 王成绪. 研究底板突水的结构力学方法 [J]. 煤田地质与勘探, 1997 (12): 48-50.

[42] 王作宇. 底板零位破坏带最大深度的分析计算 [J]. 煤炭科学技术, 1992 (2)：21 – 28.

[43] 武强, 朱斌, 李建民, 等. 断裂带煤矿井巷滞后突水机理数值模拟 [J]. 中国矿业大学学报, 2008, 37 (6)：780 – 785.

[44] 黎良杰, 钱鸣高, 李树刚. 断层突水机理的分析 [J]. 煤炭学报, 1994, 6 (2)：119 – 123.

[45] 李连崇, 唐春安, 梁正召, 等. 含断层煤层底板突水通道形成过程的仿真分析 [J]. 岩石力学与工程学报, 2009, 28 (2)：290 – 297.

[46] 武强, 刘金韬, 钟亚平, 等. 开滦赵各庄矿断裂滞后突水数值仿真模拟 [J]. 煤炭学报, 2002, 27 (5)：511 – 516.

[47] 孟召平, 彭苏萍, 黎洪. 正断层附近煤的物理力学性质变化及其对矿压分布的影响 [J]. 煤炭学报, 2001, 26 (6)：561 – 566.

[48] 张金才, 张玉卓, 刘天泉, 等. 岩体渗流与煤层底板突水 [M]. 北京：地质出版社, 1997.

[49] 靳德武. 华北型煤田煤层底板突水的随机——信息模拟及预测 [J]. 煤田地质与勘探, 1998 (6)：36 – 39.

[50] 陈秦生, 蔡元龙. 用模式识别方法预测煤矿突水 [J], 煤炭学报, 1990, 12 (4)：63 – 68.

[51] 李加祥. 用模糊数学预测煤层底板的突水 [J]. 山东矿业学院学报, 1990, 9 (1)：5 – 10.

[52] 武强, 戴国锋, 吕华. 基于 ANN 与 GIS 耦合技术的地下水污染敏感性评价 [J]. 中国矿业大学学报, 2006, 35 (4)：431 – 436.

[53] 施龙青, 韩进, 宋扬. 用突水概率指数法预测采场底板突水 [J]. 中国矿业大学学报, 1999, 28 (5)：442 – 446.

[54] Qiang Wu. Prediction of groundwater inrush into coal mines from aquifers underlying the coal seams in China：Vulnerability index method and its construction [J]. Environmental Geology, 2008, 55 (4)：245 – 254.

[55] 武强, 刘守强, 贾国凯. 脆弱性指数法在煤层底板突水评价中的应用 [J]. 中国煤炭, 2010, 36 (6)：15 – 22.

［56］ Qiang Wu，Wanfang Zhou，Jinhua Wang. Prediction of groundwater inrush into coal mines from aquifers underlying the coal seams in China：Application of vulnerability index method to Zhangcun Coal Mine，China ［J］. Environmental Geology，2009，57（5）：1187－1195.

［57］ 刘东海. 基于 AHP 与 GIS 耦合技术的煤层底板突水脆弱性评价研究——以开滦东欢坨矿北部采区为例 ［D］. 北京：中国矿业大学，2007.

［58］ 马俊华，马怀宝，王婷，等. 小浪底水库支流倒灌与淤积形态模型试验 ［J］. 水利水电科技进展，2013，35（2）：1－4.

图书在版编目（CIP）数据

水文地质条件时空差异与防治水对策研究/李松营等
著．－－北京：煤炭工业出版社，2016
ISBN 978－7－5020－5481－6

Ⅰ．①水…　Ⅱ．①李…　Ⅲ．①煤田地质—矿床水文地
质—研究—新安县　②煤矿—矿井水灾—灾害防治—新安
县　Ⅳ．①P641.4　②TD745

中国版本图书馆 CIP 数据核字（2016）第 205047 号

水文地质条件时空差异与防治水对策研究

著　　者	李松营　张春光　杨　培　郭元欣
责任编辑	徐　武
责任校对	李新荣
封面设计	袁梦琳

出版发行　煤炭工业出版社（北京市朝阳区芍药居 35 号　100029）
电　　话　010－84657898（总编室）
　　　　　010－64018321（发行部）　010－84657880（读者服务部）
电子信箱　cciph612@126.com
网　　址　www.cciph.com.cn
印　　刷　北京市郑庄宏伟印刷厂
经　　销　全国新华书店

开　　本　850mm×1168mm$^1/_{32}$　印张　$5^5/_8$　插页　1　字数　132 千字
版　　次　2016 年 9 月第 1 版　2016 年 9 月第 1 次印刷
社内编号　8344　　　　　　定价　19.00 元